"十三五"国家重点出版物出版规划项目

工业和信息化部"十四五"规划教材

航天机构高可靠设计技术及其应用

航天器系统仿真技术

魏　承　王伟林　刘天喜　李兴冀　赵　阳　著

科学出版社

北　京

内 容 简 介

本书基于 SpaceSim 软件系统介绍航天器系统仿真建模理论、软件及模块设计与场景应用。本书共 6 章，主要包括绪论、SpaceSim 软件概述、空间环境模型、航天器轨道动力学与控制、航天器姿态动力学与控制、运载火箭及导弹仿真。书中程序及算例可从网上下载，以便于读者深入理解航天器系统仿真建模理论，并应用软件解决实际工程问题。

本书可作为航空宇航相关专业高年级本科生和硕士研究生的教学用书，也可供从事航天工程及系统仿真技术的研究人员与航空航天爱好者参考。

图书在版编目 (CIP) 数据

航天器系统仿真技术/魏承等著. —北京：科学出版社，2023.6
(航天机构高可靠设计技术及其应用)
"十三五"国家重点出版物出版规划项目　工业和信息化部"十四五"规划教材
ISBN 978-7-03-074800-3

Ⅰ. ①航…　Ⅱ. ①魏…　Ⅲ. ①航天器-系统仿真-高等学校-教材
Ⅳ. ①V47

中国国家版本馆 CIP 数据核字 (2023) 第 023768 号

责任编辑：魏英杰 / 责任校对：崔向琳
责任印制：吴兆东 / 封面设计：陈　敬

科 学 出 版 社 出版
北京东黄城根北街 16 号
邮政编码：100717
http://www.sciencep.com

北京建宏印刷有限公司 印刷
科学出版社发行　各地新华书店经销

*

2023 年 6 月第 一 版　开本：720×1000　1/16
2023 年 6 月第一次印刷　印张：14 3/4
字数：295 000

定价：128.00 元
(如有印装质量问题，我社负责调换)

前　　言

随着我国航天事业的发展，对航天系统基础软件的需求越来越强，国内使用的软件有美国卫星工具箱（satellite tool kit，STK）等商业软件，而 STK 在新版本 7.0 之后已经对中国禁用，无法实现版本更新、服务支持，以及专用模块的定制，极大地限制了我国航天武器装备的分析验证及型号任务的支撑能力。目前，我国航天领域还没有一个权威的经过工程认证的工业软件来支持航天装备的分析验证工作，因此对自主可控国产航天软件的需求极为迫切。

SpaceSim 航天器系统仿真软件便是依托高校和航天科研院所，依靠自主知识产权开发的航天软件，能够支持航天器系统及任务的全过程仿真与分析，涵盖航天器设计、测试、发射、运行和任务应用等各个阶段。本书以 SpaceSim 软件为基础介绍航天器系统仿真技术，具有如下特点。

（1）体系结构创新。虽然 STK 等软件应用广泛，但是国内外对于工业软件本身的设计方法介绍得很少，尤其是航天软件的体系结构设计，很难找到成熟的借鉴与参考。本书介绍自主设计的 SpaceSim 软件的体系结构，不仅能够灵活实现软件的定制开发与模块的重用，也能够为其他国产工业软件提供参考。

（2）理论翔实充分。虽然航天基础理论相关的书籍很丰富，但是基本集中于各个专业领域，很少能够完全覆盖当前航天器的应用需求，而且很少给出直观的可视化场景和分析结果。本书详细地介绍航天软件涉及的卫星轨道、姿态动力学与控制、导弹弹道设计与仿真等基础理论，并针对各个模块进行分析与仿真，同时通过与其他商业软件的对比，验证基础计算模块的正确性。

（3）实践操作性强。本书注重理论与实践相结合，深入浅出地对软件的操作使用进行介绍，同时结合工程应用场景，让读者更好地进行实践，指导读者完成设计、仿真验证工作。

SpaceSim 软件依靠国内高校及航天院所协同开发与应用，已成功应用于国内航天器系统仿真、预研及型号任务等，并与 STK 软件进行了精度及效率的对比验证。同时，该软件在图形处理器（graphics processing unit，GPU）高性能并行计算、空间攻防对抗、空间光学观测、空间预警、网络路由规划、任务自主智能规划、天线增益干扰计算等方面更具优势。

全书共六章，包括第一章绪论，第二章 SpaceSim 软件概述，第三章空间环境模型，第四章航天器轨道动力学与控制，第五章航天器姿态动力学与控制，第六章运载火箭及导弹仿真。

本书第一章由魏承撰写，第二章由王伟林、刘天喜撰写，第三章由魏承、李兴冀撰写，第四章由王伟林、赵阳撰写，第五、六章由魏承、刘天喜撰写。在撰写过程中，李岱、韩煜、魏永尚、李天佐、王天烨、程禹、高林涛、霍广、丛诣钦、吕沛霖、刘雪峰、张玉彤、李佳航、赵彦铼、乔彬等在软件研制、算例整理、文字编写、图片编辑等方面做了大量工作，小卫星班同学也在课程教学及软件使用过程中提出大量宝贵意见，在此表示感谢。此外，对本书参考文献的作者一并表示感谢。

本书的相关成果得到中国空间技术研究院、航天工程大学等单位的大力支持，在此表示诚挚的感谢。

限于作者水平，书中难免存在不妥之处，恳请读者批评指正。

目　　录

第一章 绪 论

1.1 航天器系统仿真技术概述

航天器制造的过程中存在制造成本高、制造周期长、仿真环境难以搭建等问题，而利用航天器系统仿真技术可以大大改善航天器的研制过程。开发过程的早期阶段可以进行基于全数学模型的仿真，从而获得对系统性能更深入的了解，在不对任何硬件进行测试的情况下，就可以检测和消除设计上的缺陷。通过系统仿真，可以测试航天器设计的性能，确保能够满足所有需要。同时，系统仿真技术还可以作为一种评估工具，通过改变设计参数进行多次模拟，进而评估比较不同设计方案的优劣，确定最佳的设计方案。

系统仿真是一种特殊的仿真形式，它将不同的工程学科合并到一个系统模型中，并将该模型用于分析整个系统的行为。在航天器开发期间，人们会使用各种各样的仿真工具进行不同目的的仿真分析。例如，任务分析和轨道仿真、结构和热分析、姿态和控制仿真。虽然不同的仿真模拟中的许多系统细节是相似的，但是这些工具都不能建模和模拟整个系统。相比之下，系统仿真可以将许多方面集成到一个仿真中。因此，它包含不同系统方面之间的交互和影响及其相应的动态行为 [1]。

系统仿真的目的是预测或验证系统的动态行为，可以通过在计算机上运行显示真实系统的模型来实现。并不是所有的实际效果都可以包含在系统模型中，因此必须进行简化和抽象。为了评价卫星设计的系统性能，最重要的动力学行为是动力学和姿态行为、电气行为 (电能的产生、分布和消耗)、热行为 (温度分布)和通信行为。其中，航天器的动力学行为最好用微分方程表示系统状态随时间的变化。

航天器研制通常先进行全数字仿真，成功后再进行半物理仿真，这样不仅可以降低资金投入，还能避免重大风险。"工欲善其事，必先利其器"，为了解决实体航天器实验中的缺陷，方便研究人员实现低成本、高效率的卫星相关技术实验，国内外学者设计了一系列航天器仿真工具。航天系统仿真软件可以让研究人员借助一种操作简单、研究代价低的技术来模拟航天器及其载荷在仿真环境下的性能。

早期的航天任务仿真分析软件大多是由函数库和类库组成的程序包。但是，这些仿真工具都不能将计算结果直观地显示出来，只有大量的数据，不利于非专业人员的理解。21 世纪以来，计算机图形化技术的发展为仿真注入了新的活力。除了大量的数据，仿真分析中还包含大量的图表，甚至接近真实的三维场景，可以更加直观地演示仿真过程。航天器设计的全过程都可以用软件进行逼真的再现，设计人员可以与仿真软件进行交互，进而得到最佳设计方案。

航天器系统仿真软件通常包括轨道计算、载荷模拟、星座构型、应用仿真等多个模块，需要具备如下功能。

（1）航天器轨道、姿态动力学与控制模型，支持执行机构及敏感器仿真，支持消初偏、对地定向、对日定向等典型控制模式。

（2）空间环境建模与仿真，支持大气、磁场、光压、三体、潮汐等摄动影响计算。

（3）导弹、飞机、轮船等多种陆海空目标运动模型，并设置天线、相机等载荷。

（4）支持第三方软件接口。

（5）具备三维可视化及二维可视化能力，能够直观地完成仿真场景的显示。

（6）通信、导航、遥感、攻防对抗等卫星应用功能仿真。

（7）支持卫星自主任务规划、网络化航天器应用等大规模智能星群的仿真。

上述基础功能是航天器系统仿真软件必不可少的组成部分。目前，各研究机构研发的航天器系统仿真软件可以部分实现上述功能，但是还没有一个权威的、经过工程认证的航天器系统仿真工业软件。

1.2 典型航天器系统仿真软件介绍

目前，美国分析图形（analytical graphics，AGI）公司开发的 STK 应用最为广泛。除此之外，还有美国宇航局戈达德航天飞行中心（Goddard Space Flight Center，GSFC）和私营企业合作伙伴组成的团队开发的通用任务分析工具（the general mission analysis tool，GMAT）、Sampo Niskanen 开发的火箭模型仿真软件 OpenRocket、俄罗斯天文学家和 Vladimir Romanyuk 开发的太空模拟程序 SpaceEngine。

1.2.1 STK

STK 支持对卫星全寿命周期的仿真，在航天飞行任务的功能定义、系统分析、设计、制造、测试、发射、在轨运行等各个环节中都有广泛的应用。STK 在国际上广泛应用于航天器研制和生产，被美国航空航天局（National Aeronautics and Space Administration，NASA）、欧洲航天局（European Space Agency，ESA）在内的诸多航天单位使用，是航空航天、国防、电信等领域不可或缺的数字任务工程应用软件。开发人员在软件提供的开发库的基础上，可以方便地进行二次开发，从而避免大量重复性劳动、节约设计时间、提高设计效率。

STK 可以方便地对各类复杂场景下的任务进行仿真分析,并提供二维和三维的可视化演示。分析结果以精确的图表和文本形式给出,使后续的分析和解释工作更为直观,结果更为可靠,能够帮助用户快速完成飞行计划和任务分析,确定最佳解决方案。

STK 具有精确的、基于物理学的建模环境,可以在真实的任务背景下分析平台和有效载荷。STK 基于分析引擎进行数据计算,并且可以根据不同需要显示不同类型的二维或三维视图,以及各类天基或地基对象(包括卫星、运载火箭、地面车辆、目标等)。STK 的基本能力是获取各类对象的状态信息(包括位置、速度、姿态数据)、时间信息,分析敏感器覆盖情况的能力。STK/Pro 在基础版之上进一步扩展了分析能力,包括附加的轨道预报算法、姿态定义、坐标类型、坐标系统、遥感器类型、高级的约束条件定义,以及若干附加的数据库(如高分辨率全球地形、图像、地图数据)。除此之外,STK 专业版还添加了高级的天基平台和有效载荷系统建模,包括卫星和航天器任务的高级轨道设计和机动规划。对于有特定需求的分析任务,STK 还提供了许多附加模块,可以解决航天器在轨运行(包括轨道机动、精密定轨等),以及航天器任务分析(如通信分析、覆盖分析)两方面的问题。除此之外,STK 还具备三维动态演示能力,可以为 STK 及其附加模块提供高级的三维演示平台。STK 主要包括以下功能。

(1)数据计算与分析。通过复杂的数学算法快速准确地计算卫星在任意时刻的位置、姿态数据,分析陆地、海洋、空间不同对象间的复杂关系,以及卫星或地面站遥感器的覆盖区域。

(2)生成轨道/弹道数据。STK 内置了复杂的算法,可以快速计算出航天器在任意时刻的位置数据。对于新用户,软件还提供了细致的向导服务,可以引导用户建立常见类型的轨道,如地球同步轨道、冻结轨道、太阳同步轨道、回归轨道等。

(3)可见性计算分析。计算不同对象之间的可见信息(包括访问时间、覆盖区域等),并在二维窗口和三维窗口进行动态演示,通过图表或文字报告的形式给出分析结果。不同对象之间还可以增加几何约束条件,如敏感器的视场约束等。

(4)敏感器分析。STK 可以将敏感器与其他对象关联,并且具备对敏感器覆盖情况的精确计算能力。二维地图窗口可以动态显示遥感器覆盖区域的变化,并支持多种遥感器类型,如复杂圆弧、半功率、矩形、扫摆、用户自定义。

(5)姿态分析能力。STK 不仅内置了标准姿态的定义方式,还允许用户从外部导入姿态数据文件,为计算姿态运动对其他参数(如轨道参数和敏感器覆盖区域)的影响提供多种分析手段。

(6)STK 可以在二维和三维窗口中以不同的坐标形式动态地演示对象的运行状态,包括天基或地基对象的位置、敏感器覆盖情况、光照条件,以及不同对象之间的可见情况等，并且按照时间可以前向、后向、实时显示状态变化的过程。任务场景还可以保存为 bmp 或者 avi 格式。

（7）强大的数据输出功能。STK 可以生成上百种图表和文字报告，还可以自定义输出格式。分析人员可以为指定的某一个对象或一组对象自定义生成分析图表和总结报告。生成的报告全部按照工业标准格式输出，因此可以直接在常用的电子制表软件中进一步分析处理。

（8）多平台。STK 可以在大部分主流的操作系统上使用，如 Windows、Unix、Linux。

STK/Pro 为航天领域的分析人员提供了高级的航天计算分析工具，如附加的数据库、轨道预报算法、姿态调整、坐标类型、坐标系、遥感器的定义。STK/Pro 通过集成上述复杂功能解决许多具有挑战性的问题。STK/Pro 增加了许多先进的新功能来应对卫星系统专家人员的需求。STK/Pro 主要包括以下功能。

（1）扩展的数据库。包括城市、地面站、恒星三个附加的数据库。

（2）用于可见性分析的约束定义。提供超过 20 个约束条件来定义卫星、遥感器、地面站、城市和其他对象之间的可见性，增强用户的计算分析能力。

（3）高精度轨道预报（high-precision orbit propagator，HPOP）算法。可以生成多种类型的卫星轨道数据，并且可以通过高保真力学模型生成不同类型轨道的星历表，包括各类圆锥曲线轨道（圆轨道、椭圆轨道、抛物线轨道、双曲线轨道）。轨道运动的有效范围从地球表面一直到月球。

（4）长期轨道预报（long-term orbit predictor，LOP）算法。考虑大气阻力摄动、等轴谐波的谐振影响、太阳和月球作为第三体的引力摄动，以及太阳辐射光压，精确预报数月或数年的卫星轨道。

（5）寿命工具。评估卫星轨道保持时间、衰退日期、运行总寿命，以及衰退轨道运行圈数。

（6）区域目标。通过定义 N 多边形区域，计算地面区域链路。

（7）附加坐标类型和系统。用不同的形式表现卫星的位置和速度信息。

（8）姿态仿真和指向。提供飞行器姿态的定义，包括 19 种姿态定义。

（9）多种遥感器类型。除了简单圆弧形式，还提供其他 5 种遥感器类型，即复杂圆弧、半功率、矩形、合成孔径雷达（synthetic aperture radar，SAR），以及用户自定义类型。

STK 主要包括以下模块。

（1）三维演示模块 VO。STK/VO 提供了逼真的三维演示环境，允许用户导入不同航天器、敏感器模型，还可以添加各类空中和地面资源，通过提供不同的观察视角，方便用户直观地理解复杂的飞行过程和轨道特性。VO 由 STK 产生的轨道、姿态等数据驱动，可以为分析人员提供灵活方便的交互式图像。

（2）Astrogator 轨道分析模块。STK/Astrogator 提供了轨道机动和深空轨道设计优化功能。该模块允许用户定义轨道机动过程中涉及的各类模型参数 (推力器模型、目标星历、姿态数据等)，从而给出优化的机动方案。应用 Astrogator 分析轨道机动过程中的可见性，以及地面站覆盖情况，用户可以迅速准确地进行全局分析。分析人员为在轨运行的飞行器制定或执行轨道机动计划时，可以根据飞行过程中的数据，如发动机的定标参数、实际初始轨道信息，计算推力器启动和启动时刻数据。与 STK/VO 模块相结合，STK 可以显示逼真的星际飞行任务的三维动画。组件浏览器和编辑器赋予用户自定义各类模型的能力，包括定义推力发动机模型、力学模型、轨道计算模型、坐标系统、中央天体、大气模型，以及其他太空任务分析模型。

（3）STK/MATLAB 接口模块。通过 STK 与 MATLAB 的集成可以实现分析的自动化与可视化。STK 与 MATLAB 之间有两种接口方式，一种是基于传输控制协议/网际协议（Transmission Control Protocol/Internet Protocol，TCP/IP）通信的 MexConnect，另一种是通过硬件接口进行通信。接口方式的选择主要根据任务分析的具体需要。STK/MATLAB 接口模块提供 STK 和 MATLAB 之间双向通信的功能。用户可以通过 MATLAB 命令在 STK 中创建各种类型的对象，并进行相关计算、生成报告，产生的数据可以导入 MATLAB 工作区进行计算分析。MATLAB 用户还可以使用 STK 的二维和三维可视化功能演示相关数据，如位置姿态信息或天线增益模型等。

综上所述，STK 是一套具有强大的二维和三维显示功能、计算分析功能，以及高保真仿真模型的航天系统仿真软件。

1.2.2 GMAT

GMAT 是根据美国宇航局的开源协议开发的，不但每个版本的源代码可供下载，而且主要的开发存储库是公开托管的。在 GSFC，它被用于许多重要任务的主要或次要设计工具。此外，它被各种各样的实体使用，如空军研究实验室、爱荷华州立大学和 ESA。

GMAT 的目的是建模、优化和估计航天器从近地轨道到月球应用、星际轨迹和其他深空任务等飞行状态下的轨迹。在 GMAT 中，分析人员首先创建航天器，然后通过传播器、估计器、优化器等资源建模空间任务。

GMAT 提供了一组广泛的可用资源，主要可以分为物理模型资源和分析模型资源两类。物理模型资源包括航天器、推进器、地面站、编队、脉冲燃烧、有限燃烧、行星、彗星、小行星、月球、重心、天平动点。分析模型资源包括微分校正器、传播器、优化器、估计器、三维图形、x-y 图、报表文件、星历文件、用户定义变量、数组和字符串、坐标系统、自定义子程序、MATLAB 函数和数据。

1.2.3　Orbit Determination Toolbox

轨道确定工具箱（orbit determination toolbox，ODTB）是由 NASA 戈达德太空飞行中心的导航与任务设计部门开发的一款航天器高级任务仿真分析定轨工具箱，基于 MATLAB 环境和 Java 语言实现，可用于航天任务设计的概念研究、方案分析和早期设计等阶段，特别适合编队飞行系统研究。

ODTB 的底层构架相当灵活，使高级用户可以在此基础之上开发自己的导航算法和仿真程序。ODTB 的核心功能可由一系列预估指令实现，并辅以蒙特卡罗数据模拟、线性协方差分析及普通水平的测量处理功能。目前，ODTB 的主要功能已逐渐移植到 GMAT 中。

1.2.4　OpenRocket

OpenRocket 是一款开源的火箭模型仿真软件，由 Niskanen 在 2009 年开发。OpenRocket 完全用 Java 编写，是完全跨平台的。OpenRocket 可以提供所有的火箭模型，供工程人员在实际建造和飞行前测试火箭模型性能时使用。实际上，该软件能够准确计算火箭模型的气动特性，并对火箭模型进行飞行仿真。

正如其他开源软件一样，OpenRocket 也提供完整的项目源代码，使感兴趣的火箭模型爱好者可以理解其内部运作机理，并对其进行功能扩展。

程序主要包括以下部分。

（1）火箭设计。用户可以选择不同的火箭箭体组件，如梯形、椭圆形、自由形式的翼，内部组件，以及质量物体，并搭建想要的火箭模型。在这个阶段，用户可以看到正在建造的火箭的 2D 显示和各种技术信息（大小、质量、远地点、最大速度）。在飞行模拟之前，用户可以获取火箭的加速度、稳定性、重心、压力中心等信息，从而对火箭的性能有一个很好的了解。

（2）飞行模拟。用户可以选择一个或多个发动机配置，并对一个或多个火箭飞行过程进行模拟。每个模拟过程（使用龙格-库塔（Runge-Kutta）4 阶模拟器计算）返回关于火箭飞行的通用数据。不足的是，目前还无法实现火箭飞行的图形可视化。

1.2.5　SpaceEngine

SpaceEngine（太空引擎）使用户可以通过电脑探索虚拟宇宙。用户可以从一颗恒星旅行到另一颗恒星，从一个星系旅行到另一个星系，可以在任何行星、月球、小行星上着陆，并探索它的外貌景观。用户可以改变时间流逝的速度，观察任何天文现象。所有的转换都是完全无缝的，这个虚拟的宇宙有几十亿光年宽，包含上万亿的行星系统。程序基于真实的科学知识生成，因此 SpaceEngine 以现代科学的方式描述宇宙。用户可以观察真正的天体，包括太阳系的行星和卫星、数千颗附近的恒星和新发现的系外行星，以及数千个目前已知的星系。

1.2.6 Satellite Constellation Visualization

卫星星座可视化工具（satellite constellation visualization，SaVi）是一款人造卫星星座仿真软件，由萨里大学维护。它具有对人造卫星（尤其是卫星星座）进行轨道预报和地面覆盖仿真分析的能力，并且可以用二维和三维的形式对卫星星座进行可视化。这个工具已经用于学术论文研究，以及设计和计划部署卫星星座的商业公司。事实证明，其对演示卫星星座的各个方面包括几何构型、覆盖范围和运动非常有用，可用于教育和教学。

SaVi 的发行包自带诸如铱星、全球定位系统（global positioning system，GPS）、伽利略导航系统、闪电通信卫星系统等多个卫星星座仿真示例，可以供用户学习使用。

SaVi 官方只发布能直接运行在 Unix 和 Linux 环境下的安装包，Windows 和 Mac OS X 环境下的用户需要通过自己编译源码的方式来使用。

SaVi 是自由软件，基于伯克利软件发行版 (Berkeley software distribution，BSD) 开源许可协议发布，用户可以修改其代码进行二次发布，但是必须遵守 BSD 协议的相关条款。

1.2.7 ASTOS

ASTOS 是一款成功商业化的航天器轨迹优化软件，广泛应用于航天任务分析、轨迹优化、飞行器设计优化等方面。它具有如下主要功能和特点。

（1）强大的优化能力。ASTOS 包含多个优化算法包，如混合打靶/配点法 CAMTOS、共生生物搜索（symbiotic organisms search，SOS）和自然语言处理求解器 WORHP，可以对从小型问题到超大型问题（超过 100 万个参数和约束）进行基于梯度的参数和控制优化。

（2）丰富的航天模型库。ASTOS 主要包括航天器硬件模型库和动力学模型库两个大类。硬件模型库包括各类推进器、运载火箭、再入飞行器的模型。动力学模型库提供航天器轨道、姿态计算及优化方面的支持，包括时间空间坐标系统、空间环境摄动模型、气动模型等。

（3）方便的使用界面和接口支持。ASTOS 可以作为 s-函数与 Simulink 相连，并提供环境与动力学仿真。这在 ASTOS 的界面下就可以进行快速配置，而详细的系统模型（执行机构、敏感器）和控制算法则需要用户在 Simulink 中提供。

（4）多样化的分析功能。ASTOS 支持对各类航天器生命周期的各个阶段进行仿真优化，例如运载火箭发射升空、再入飞行器重返大气层，以及卫星在轨运行等不同场景都可以进行模拟与优化。同时，可以基于仿真数据进行可视化分析，包括生成各类图表，进行二维/三维图形演示。

1.2.8   Spacecraft Orbit Calculation Tool

北京航空航天大学宇航学院曾基于 C++ 语言开发出航天器轨道计算工具软件包,并利用 STK 进行验证。其主要特点如下。

(1)具有多种高精度轨道摄动模型,包括地球引力场模型、固体潮模型、海潮模型、大气模型、太阳辐射光压模型、太阳引力场模型、月球引力场模型。

(2)提供多种数值积分方法。

(3)包含解析法和数值法两类轨道预报算法。解析法有两体法、J2 摄动法、J4 摄动法等。数值法有考威尔方法和恩克法。

(4)可以在不同的轨道表达方式之间互相转化,包括轨道根数与位置速度的相互转换,各种时间、坐标系统之间的相互转换。

(5)提供准确的日月星历,以及太阳系八大行星星历的计算功能。涉及日月位置的计算时可以用解析法或者 DE405 星历表。

(6)在轨道仿真数据的基础上,可以一步分析处理,不仅可以将计算结果用各种图、表的形式进行输出,还可以将轨道仿真的数据保存到数据库中。

1.2.9   SpaceSim

SpaceSim 软件是依托高校及航天科研院所,完全依靠自主知识产权开发的航天软件,支持航天任务的全过程仿真与分析,涵盖航天器设计、测试、发射、运行、任务应用等各个阶段。

自主设计的 SpaceSim 软件的体系结构,不仅能够灵活实现软件的定制开发与模块的重用。同时,该体系结构和设计方法也能为其他国产工业软件提供参考。

SpaceSim 软件已成功应用于国内航天器系统仿真、预研、型号任务等,并与 STK 进行了精度和效率的对比验证。同时,该软件在 GPU 高性能并行计算、空间攻防对抗、空间光学观测、空间预警、网络路由规划、任务自主智能规划、天线增益干扰计算等方面更具优势。

1.2.10   小结

在上述航天器系统仿真软件中,STK 是现今研发时间最长,应用最广泛的一款卫星工具软件包。但是,STK 在新版本(7.0)之后已经对中国禁运,极大地限制了我国航天装备的分析验证及型号任务的支撑能力。国内还没有一款功能完备并且在工程中得到论证的航天器仿真软件。本书着重介绍 SpaceSim 航天器系统仿真软件,包括功能概述、理论基础、使用说明、场景应用等。

1.3 航天器仿真技术的发展

近年来，航天器系统的复杂程度和规模日益增加，其对仿真技术的要求也越来越高。一方面，MATLAB、STK 等仿真分析软件不断更新迭代，在航天器研制过程中得到广泛应用。另一方面，国外航天部门和企业将大量资源投入航天器系统仿真技术方面的基础研究，建立的仿真系统在航天器研制过程中发挥着重要作用，如 NASA 的集成仿真工具 MSF、伽利略系统仿真程序 GSSF、NASA 喷射推进实验室（Jet Propulsion Laboratory，JPL）的 FAST 平台、荷兰航天机构的 EuroSim 等。

1.3.1 航天器轨道建模及仿真技术

16 世纪末 17 世纪初，开普勒通过对太阳系行星运动的大量观测推导出行星运动的三大定律。

（1）行星以椭圆轨道绕太阳运动，太阳位于椭圆的一个焦点上。

（2）行星与太阳的连线在相等的时间间隔内总是扫过相同的面积。

（3）行星绕太阳运动周期的平方与到太阳平均距离的三次方成正比。

虽然开普勒定律是非凡的结果，但是仍未完全解决行星运动。它属于运动学方面的结果。牛顿进一步解决了运动中的力学问题。在《自然哲学的数学原理》一书中，牛顿总结了力学三大定律。

（1）物体在没有受到力的作用时，会一直保持静止或匀速直线运动状态。

（2）运动的改变与作用力同向，并且大小成比例。

（3）力的作用是相互的；相互作用的两个物体之间，总是存在大小相等、方向相反的一对作用力。

牛顿三大力学定律在开普勒定律的基础上，将行星运动抽象成一个简单的力学模型，即单一质点绕另一质点的运动模型。这一模型通常称为二体模型。二体模型可以描述任意两个天体构成的系统，如地球和太阳、月球和地球。目前，卫星轨道理论仍然以二体力学模型为基础。

需要说明的是，开普勒第一定律说行星在椭圆轨道上运行，更准确的说法应该是行星在圆锥曲线轨道上运行，椭圆轨道（包括圆轨道）只是其中的一种情形。除了椭圆，圆锥曲线还包括抛物线和双曲线，这是卫星运动的另外两种轨道形式。

对于一些精度要求很高的应用场景，二体模型无法满足需要。航天器的受力并不是只有地球的引力，月球、太阳对航天器同样存在引力。对于面积质量比较大的航天器来说，太阳辐射压力的影响也不能忽略。通常航天器的体积和质量相对于地球来说很小，因此能够把航天器看成一个质点，但是不能简单地把地球视作质点。不规则的地球形状使地球引力场比单纯的质点引力场复杂得多。地球周围覆盖有一层大气，对于低轨航天器的运动会产生明显的阻碍。此外，潮汐现象也会对航天器的运动产生影响。这些因素使航天器的受力情况异常复杂，但相对于地球与航天器之间的引力，它们的影响却要小得多。因此，人们在二体模型的基础上，附加上述各种因素抽象成的摄动力就构成更高精度的航天器动力学模型[2]。

考虑上述各种摄动，动力学方程会变得非常复杂，因此国内外学者提出不同的理论方法来计算航天器轨道。分析方法有平均根数法、拟平均根数法、瞬时根数法。数值方法通常用来计算一个特定的短时段内的轨道数据。轨道计算中常用的数值积分算法有龙格-库塔-菲尔伯格法 (Runge-Kutta-Fehlberg，RKF) 方法和 Adams-Cowell 方法。

在精确轨道计算中，除了力学模型，地球运动模型也是很重要的一个方面。在计算卫星受力时，各项摄动力的计算需要在不同的坐标系下进行，地球非球形引力摄动和大气阻力的计算需要在地球固连坐标系下进行，而最后的积分需要在地球惯性坐标系下进行。为了准确建立坐标系，为轨道计算提供基础，需要建立地球岁差、章动、极移模型。由于岁差在缓慢进动，自转轴进动 360° 的时间大约为 25600a。虽然进动速率缓慢，但是造成的误差会随着时间累积。章动是地球自转轴的二级进动，即真自转轴绕平自转轴所做的微小周期性运动，其周期约为 18.6a。虽然章动运动的幅度较小，但是在对精度要求较高的天文计算中应该加以考虑。极移是地球极点在地球表面上的位置发生变化的现象，这是地球自转轴相对于地球本身发生变化引起的。国际地球自转服务组织（International Earth Rotation Service，IERS）提供了相关的数据服务。针对不同的空间参考需要，出现了各种类型的空间坐标系统。

时间的精确计量也是轨道计算的重要前提。对时间的测量要以客观物质的运动过程为基准。时间计量包含确定时刻和测量时间间隔两个要素，即确定客观物质某一运动状态发生的时刻，以及客观物质两种运动状态之间的时间间隔。在不同的应用场景下，可以选择不同的时间计量基准和时间间隔，从而建立不同的时间系统。在轨道与天文计算中，比较常见的时间系统有原子时、质心动力学时、地球力学时等时间系统。这些时间系统便于更精准地描述航天器和天体的轨道。

由此可知，航天器轨道计算是一个极其复杂的工程。STK 支持各种力学摄动模型，考虑了地球岁差、章动和极移现象，软件内部支持多种时间系统和坐标系统。STK 具有轨道预报和轨道确定，以及场景建模等诸多功能，已经成为航天工业领域内的标准之一，在世界范围内得到广泛的应用。

1.3.2 航天器姿态建模及仿真技术

卫星姿态建模与仿真内容主要包括姿态动力学、姿态运动学、定姿算法、姿态控制算法等，同时加入部分硬件达到仿真分析的目的。按照仿真过程中接入卫星硬件的多少，通常可以将卫星姿态控制仿真系统划分为数字仿真、半实物仿真、全实物仿真。

数字仿真是只利用计算机对卫星的相关模型进行仿真。在计算机上进行数学仿真方便快捷、成本经济、操作性强，但是仿真过程需要用到大量复杂的执行机构与传感器机构的数学模型，所以需要花费较多时间在建模过程中。此外，在数字仿真过程中还需要将卫星姿态的运动学与动力学抽象成数学模型，进而模拟姿态控制过程。

卫星姿态控制系统作为卫星平台的基础部分具有重要的作用。在数学仿真过程中，对部分硬件的建模不够准确，因此需要用实物替换这部分模型，从而使仿真更加贴近实际。

卫星全实物仿真由星载计算机、执行机构、敏感器、气浮台、供电系统等卫星平台上几乎全部的硬件组成。气浮台用于模拟卫星姿态在轨运行时的环境。卫星的各个组成部件全部固定于气浮台上。全实物仿真使用真实卫星使用的组成部件，包括卫星姿态的控制软件。按照卫星的结构设计，将涉及的执行机构及敏感器固定到仿真平台上。敏感器测量卫星的姿态数据，并且将测量结果输入控制系统，再由控制系统通过改变执行机构的输出，达到控制三轴姿态的目的，卫星在轨的姿态数据通过线缆传输到地面仿真机，用于专家分析卫星运行情况。

全实物仿真对卫星实际运行的模拟程度很高，与在轨卫星的情况十分接近，相比于数字仿真和半实物仿真有很大的优越性。全实物仿真不需要卫星动力学数据，对卫星运行环境的模拟也由空间环境模拟设备代替。另外，执行机构和敏感器也是按照卫星实际的结构设计进行安装的，如果仿真结果出现偏差，不满足设计的要求，就可以及时发现问题，改进设计过程中的缺陷。

全实物仿真直接将执行机构和敏感器的硬件接入仿真，不需要对其进行建模，可以避免部分实物难以确定精细数学模型的问题。

全实物仿真可以在地面对卫星在轨运行状态进行模拟，是卫星出厂前必须经历的重要环节。通过全实物仿真可以及时检测出卫星在软硬件设计中存在的问题与缺陷。其主要用途如下。

（1）检验卫星的姿态控制系统是否满足设计要求。

（2）验证卫星姿态控制系统在数字仿真阶段的数学模型是否和与实物接入后的仿真结果一致。

（3）在卫星整体连接方面，能够检测出卫星硬件是否能够正常连接并维持正常工作，确保卫星各个子系统之间能够正常进行信息交互。

从 20 世纪 50 年代起，国外建立了多个大型航天器仿真实验室，NASA、ESA 等建立了各种大型实物和半实物仿真系统。同时，在数学仿真方面，逐渐形成各种专业化的数学仿真分析工具，如 Adams、Nastran 等。航天器仿真技术逐渐向系统化、专业化方向迈进。

近年来，国内航天仿真技术取得了长足进步，开发了多个基于气浮台或三轴转台的仿真系统，并建成可以模拟不同目标的模拟器。在此基础上，可以实现对多体组合航天器、空间目标交会对接、航天器故障诊断等不同应用场景的仿真验证，同时还可以对关键部件和系统进行仿真验证。

国内的航天器仿真技术起步晚、基础差，相比国外先进航天技术还存在较大的差距，对于复杂航天器动力学、高精度空间力学环境，以及电磁环境的地面仿真模拟，还缺少可靠的仿真方法。从具体的仿真技术到仿真体系的建立，以及仿真技术的实际应用都存在较大的提升空间。

1.3.3　运载火箭与导弹建模及仿真技术

在设计运载火箭时，需要可靠的仿真分析工具，能够在给定火箭几何形状、发动机特性和环境条件等参数的情况下，预测火箭的飞行轨迹。例如，可以预测火箭的入轨点与入轨速度，这对火箭的性能分析尤为重要。这种仿真工具可以节省时间和研制成本，提高操作安全性，仅当进入更成熟的设计阶段才接入实物进一步验证。

运载火箭的控制系统包括制导和姿态控制两个部分。其中，制导部分的作用是使运载火箭以要求的精度入轨，核心是制导的精度，即火箭是否能够正确地将载荷送入预定轨道。控制部分主要包含箭载计算机、控制变换网络、伺服机构、箭体，以及测量机构。这两个部分实际上是相互耦合的，将两个分系统分开研究无法真实地反映系统特性。因此，需要建立制导与姿态联合控制的六自由度仿真。六自由度仿真模型包含质心运动学、绕质心运动学、关机方程、导引方程、引力方程、质量变化方程、气动模型等。这些模型与控制系统的实物连在一起就构成半实物仿真的回路。

运载火箭控制系统的建模和仿真包括两个过程，首先是将实际的火箭按照各组成部分抽象成便于描述的数学模型，然后将数学模型与火箭的实际数据，以及火箭飞行过程中的气动参数等信息相结合，利用计算机软件对火箭的控制系统和姿态运动进行仿真，从而模拟箭体飞行的过程。

国外针对运载火箭六自由度仿真理论的研究最早开始于 20 世纪 60 年代。基于此，关于火箭控制系统的设计形成一套完整的理论和方法，并将理论应用于火箭研制过程中的试验验证，推动了火箭试验的集成化和智能化发展。国内同样取得诸多成果，从基本的仿真建模研究和数学仿真实验到半实物仿真，到将并行计算等技术应用于大规模仿真试验，同时充分考虑数值仿真与场景显示的集成来保障系统的实时性，推动了六自由度仿真试验的工程化、通用化。

在运载火箭研制过程中，需要对制导导航系统进行半实物仿真来验证可行性。火箭闭环仿真需要正确的火箭箭体模型，这也是计算火箭能否进入预定轨道，以及最终确定轨道参数的前提。搭建半实物仿真平台时，正确通用的火箭箭体仿真模型尤为重要。当前火箭六自由度仿真工程化程度有待提高。现有的火箭箭体模型大多基于 C 语言或 Fortran 语言开发。这些基于传统编程语言的模型可移植性差，子模块的通用性差，需要较长的代码调试过程，制导导航半实物仿真模型的开发不便，并且对于复杂的火箭控制系统仿真结果精度不够，难以真实反映火箭控制系统的特性。随着计算机技术的发展，出现许多专门用于仿真的语言和软件工具。例如，美国 Mathworks 公司开发的 MATLAB/Simulink 软件是一款使用灵活、功能强大的大型数学仿真软件，以优越的数值计算能力和领先的数据显示能力被科研和工业领域广泛应用。

综上所述，随着航天应用需求的迅速扩大，航天器及控制系统越来越复杂。航天器仿真试验技术也取得了长足进步。未来航天器仿真技术的发展主要有以下方向。

（1）进一步完善仿真模型，满足大规模复杂工况下仿真分析的需求。

（2）针对日益复杂的航天器运行工况，建立具有弹性的集成仿真系统和航天任务综合评估环境。

（3）利用高性能计算、协同互操作和动态调度等技术，支持分布式、跨平台协同仿真和试验验证。

（4）根据规范化的研制过程和现代工程管理流程，建立通用化数学仿真平台，提高仿真平台的集成化程度和质量控制能力。

第二章　SpaceSim 软件概述

2.1　SpaceSim 软件功能与特性

SpaceSim 软件是一款自主研发的航天器系统仿真软件，能够对卫星姿态、轨道，以及天线指向、链路特性等进行仿真分析，支持航天装备的研发与设计。目前对教学与科研人员免费开放，有望发展为与 STK 软件相媲美的国产航天器系统仿真软件。SpaceSim 软件可仿真卫星轨道、姿态、通信链路、卫星与地面目标相对位置关系，能够仿真不同的观测视角，可以通过可视化观察具体目标，对动态目标进行仿真跟踪，显示战斗过程毁伤效果等，从而支持具体任务的仿真。它可以实现如下功能。

（1）航天器轨道/姿态动力学与控制仿真，包含带柔性附件航天器的姿态仿真，同时能够支持推力变轨仿真，如轨道维持、轨道机动。

（2）通信天线指向覆盖与增益性能分析。通信卫星在卫星三大功能（通信、导航、遥感）中占有很大的比重，软件可对卫星指向、覆盖、增益性、电磁干扰特性等进行仿真。

（3）空间通信链路特性仿真与性能评估。现代卫星高中低轨数量均非常多，通信链路受不同轨道的电磁环境影响，误码率、带宽等指标设计受到众多约束。软件可对通信链路特性进行仿真和评估。

（4）网络化航天器路由与调度策略仿真，包含网络化航天器如何延时最短、性能最优，完成航天器资源调度、配置、路由的优化。

（5）航天器任务自主规划仿真，包含航天器任务的调度与规划。随着航天器的数量越来越多，航天器不仅需要执行预设任务，更要具备自主控制功能，基于事件驱动。例如，侦察卫星一旦遇到敌方异动，就需要能够自主侦查、报警和任务规划，而不再依赖地面人员设定。

（6）空间光学观测系统仿真。卫星装载相机后，不仅能观测地基目标（包括地面站等固定目标，以及坦克、车辆、轮船等移动目标），还能对空间目标进行观测，进而完成远程导引、接近。

（7）空间攻防对抗系统仿真，包含陆海空天战场中的导弹、雷达等仿真，进而完成整个战场环境体系的仿真和效能评估。

SpaceSim 软件基于 C++ 语言开发，具有如下特性。

（1）基于 QT、OSGEARTH 开发。其优点在于软件开源、版权开放、支持 Windows、Linux 全平台。

（2）基于 JSON 脚本文件的场景描述语言，通过 ASCII 码描述树状结构的配置文件，十分方便，适合场景设置。文本文件容易打开、观测，便于版本管理。该模式在配置海量目标时更具优势，例如与第三方软件互连，通过生成脚本文件进行读取，快速生成上万颗卫星，而不需要逐个手动添加。

（3）基于 GPU 的大规模（万级）航天器运动状态高效仿真。目前，中央处理器（central processing unit，CPU）的计算效能很难提升，因此串行单核计算很难满足大量级的卫星计算。GPU 支持大量核心并行运行，可大幅提升计算效率，满足万级以上卫星数量的仿真。

（4）支持第三方软件联合仿真。航天器系统仿真软件仅仅是对航天器模型的模拟分析，但是如何对模型进行控制需要第三方软件编程进行驱动和优化，进而扩展仿真软件的适用范围、支持更多算法的研发。

（5）三维地球及二维地图的显示。可视化地显示地理信息，包括地理信息系统（geographic information system，GIS）与数字高程模型（digital elevation model，DEM），非常直观。

（6）运动航天器轨迹、通信链路及覆盖增益云图等动态实时显示。直观显示仿真过程和结果信息，有助于加深和增强学者对航天器性能的理解。

（7）支持类库级二次开发，便于扩展功能。界面开发（QT、OSGEARTH）与内核开发（C++ 动态链接库）完全分开，支持类库级二次开发，界面仅是显示和输入的窗口，便于扩展。

2.2 SpaceSim 软件模块组成

2.2.1 空间环境模型

空间环境模型主要包括对空间辐射、磁场、等离子体、大气的分布与效应进行仿真，同时还可基于星历表对宇宙天体（尤其是太阳、月球、火星等银河系行星）的运行状态进行仿真和三维场景显示 (图 2-1)，进而支持地球晨昏线及光晕、航天器所受的空间环境辐射入射方位与通量等属性的计算分析与可视化显示，如图 2-2所示。

图 2-1　太阳、月球、地球的三维场景显示

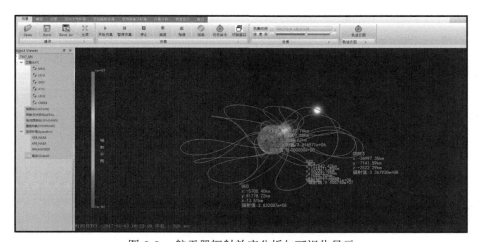

图 2-2　航天器辐射效应分析与可视化显示

2.2.2　航天器姿态动力学与控制

SpaceSim 软件能够对航天器的姿态动力学进行仿真,支持柔性太阳帆板、柔性天线等柔性附件的振动仿真,星敏感器、地球红外敏感器、陀螺等敏感器的仿真,含噪声测量模型航天器运动状态的滤波与估计,卫星姿态控制系统的设计与仿真,消初偏、太阳定向、对地定向、三轴稳定等控制模式仿真,以及飞轮、推力器、磁力矩器等执行机构的仿真。航天器姿态动力学与控制如图 2-3所示。

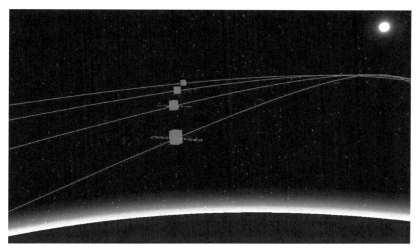

图 2-3　航天器姿态动力学与控制

2.2.3　航天器轨道动力学与控制

SpaceSim 软件能够对卫星轨道进行仿真,支持高精度轨道动力学模型,以及 SGP4 轨道递推模型,可以实现卫星变轨过程仿真,支持霍曼变轨和兰伯特变轨策略的自主生成。卫星轨道动力学与运动学仿真如图 2-4所示。

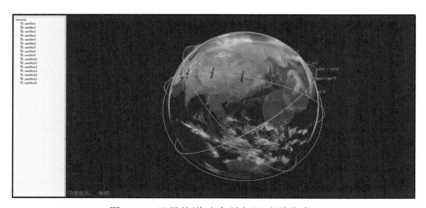

图 2-4　卫星轨道动力学与运动学仿真

2.2.4　航天器通信特性仿真

卫星通信系统仿真支持卫星通信过程中的天线、接收机、转发器、发射机等特性仿真,可仿真计算地理区域的覆盖特性,可支持链路预算估计,以及卫星通信天地一体化信息网络路由的仿真，同时能够进行空间环境自由路径衰减、同频干扰等通信性能评估[3]。卫星天线多波束覆盖仿真如图 2-5所示。

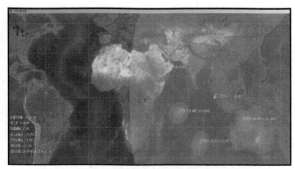

图 2-5　卫星天线多波束覆盖仿真

低轨卫星星座通信特性仿真如图 2-6所示。

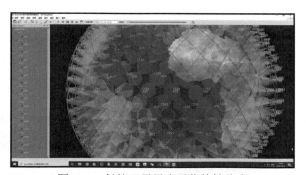

图 2-6　低轨卫星星座通信特性仿真

卫星通信路由仿真如图 2-7所示。

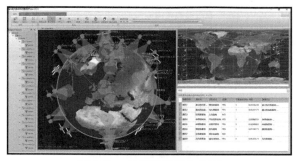

图 2-7　卫星通信路由仿真

卫星通信增益特性仿真如图 2-8所示。

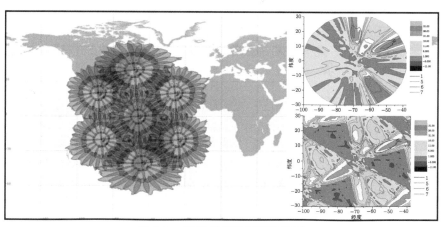

图 2-8　卫星通信增益特性仿真

2.2.5　航天器遥感特性仿真

　　遥感卫星可以对空间中的目标进行拍照成像，进而实现空间态势感知。软件可以模拟真实的空间环境与目标，支持空间目标图像生成，为天基光学观测平台的算法验证提供数据源。软件支持推扫、旋扫、凝视等多种遥感成像模式下的空间航天器目标、陆海空目标及地面区域的遥感仿真。卫星遥感特性仿真如图 2-9所示。

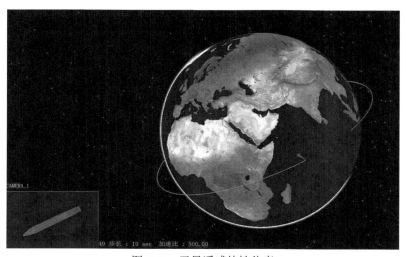

图 2-9　卫星遥感特性仿真

2.2.6　航天器导航特性仿真

　　航天器导航仿真主要针对北斗、GPS、格洛纳斯 (global navigation satellite system，GLONASS) 等导航星座，开展导航卫星对目标的可见性、几何因子等仿真，支持目标的选星、定位精度的仿真与模拟[4]。导航星座仿真和导航定位仿真如图 2-10和图 2-11所示。

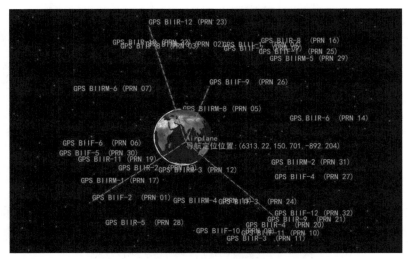

图 2-10　导航星座仿真

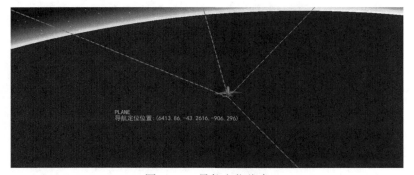

图 2-11　导航定位仿真

2.2.7　运载火箭与导弹仿真模型

　　运载火箭及导弹仿真支持运载火箭运载能力评估、运载入轨过程仿真、导弹弹道设计、导弹制导策略仿真等，进而支持空间攻防对抗仿真与分析。导弹弹道仿真如图 2-12 所示。

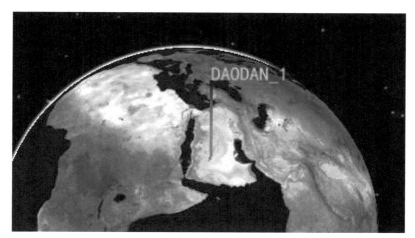

图 2-12　导弹弹道仿真

2.2.8　目标及数字地图模型

目标模型能够模拟陆海空天等不同目标的轨迹，支持时间驱动的目标位置及姿态的插值处理。地图模型为高精度全球地图，支持 21600×10800 分辨率、2km 精度地图显示，DEM 的分层多细节层次技术显示，文件地理信息读取，海岸线及国境线信息管理，自定义运动／静态目标地理信息的添加与显示，天线及相机覆盖特性的云图显示，空间环境分布的云图显示等。区域特性及数字地图如图 2-13 所示。

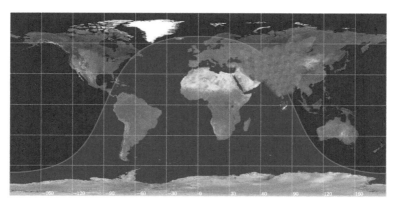

图 2-13　区域特性及数字地图

2.3　软件界面与操作

2.3.1　软件主界面

软件主要由控制界面和显示界面 (包括二维、三维显示) 组成，控制界面主要是人机交互界面，可以进行各种控制指令和参数的输入，以及各种状态信息的显示。显示界面可以对多功能卫星工作场景进行三维直观的显示和监视，并通过鼠标对焦点进行缩放观察。软件主界面如图 2-14所示。

图 2-14　SpaceSim 软件主界面

软件主界面主要包括以下内容。

（1）场景模型列表，包括加载的场景文件中，所有模型列表。

（2）添加模型，包括添加卫星模型、地面站模型、船舶模型、导弹模型。

（3）仿真操作，包括开始仿真、停止仿真、暂停仿真、加速仿真、减速仿真、回放仿真。

（4）仿真时间。

（5）三维显示，包括显示地、月、太阳和三维场景模型。

（6）二维显示，包括显示二维场景模型。

（7）路由链路信息，主要显示路由链路路径和链路信息。

（8）输出日志信息，主要显示软件日志信息。

（9）数据曲线显示，主要显示 output 中对应卫星模型的数据曲线。

软件的三维显示部分接收仿真平台仿真计算结果，能够展示多层次的地图瓦片数据、地形数据、地名标签信息，以及空间环境，如恒星背景、太阳系各天球位置与运动状态、地球周围大气密度、太阳粒子辐射带分布、空间碎片分布等；支持卫星或其他武器装备的三维实体模型及运动轨迹的显示，支持空间、空中、海面、地面等战场空间目标的位置、航迹、状态等信息的显示。动态显示卫星运行轨迹、卫星对地视场锥、通信天线覆盖锥、卫星对地遥感扫描条带、天地一体化通信网络链路、卫星导航对地覆盖瞬时区域、太空攻防装备、空间目标三维模型，以及太空攻防作战任务过程、指挥控制链路、毁伤状态等态势信息；能够实现天空背景及光照条件下的相机视场仿真，显示相机当前视场下的三维视景，以及真实模拟目标的运动状态。场景三维显示如图 2-15 所示。

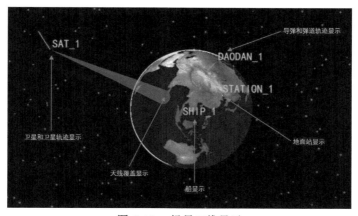

图 2-15　场景三维显示

软件的二维显示部分可以实现仿真场景推演过程和态势变化情况的实时展示，支持全球或区域地理信息背景显示，并在其上叠加环境图层，如光照区、阴影区、温度等信息。同时，能够支持卫星或其他武器装备的图标及运动轨迹的显示，支持空间、空中、海面、地面等战场空间目标的位置、航迹、状态等信息的显示。动态显示卫星运行的星下点轨迹、卫星对地视场瞬时投影、卫星对地遥感扫描条带、天地一体化通信网络链路、卫星导航对地覆盖瞬时区域等信息，支持卫星通信天线方向图仿真和二维地图显示，以及以云图形式显示电磁干扰条件下兴趣区域的通信增益。场景二维显示如图 2-16 所示。

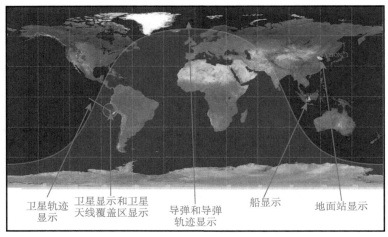

图 2-16　场景二维显示

2.3.2　软件主要操作

软件使用流程如图 2-17所示。程序将仿真结果以三维可视化的形式显示，并通过鼠标进行交互操作。软件使用中的主要操作环节如下。

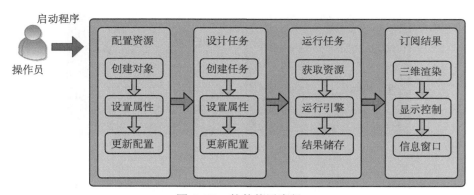

图 2-17　软件使用流程

1. 创建场景

操作员可以根据仿真需求建立仿真场景。仿真场景文件主要采用 JSON 文件保存到数据库中，支持对场景文件的增删改查，同时可以预览所有保存的场景信息。场景建立与修改如图 2-18所示。

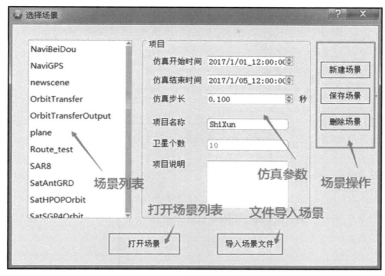

图 2-18 场景建立与修改

1）场景列表

预读当前数据库下存在的所有场景文件。

2）打开场景

"打开场景"按钮可打开列表中选中的场景,将选中的场景加载到显示界面中。

3）导入场景文件

选中 JSON 场景文件,将场景文件导入当前场景目录下,并将此场景显示在界面中。

4）仿真参数

仿真参数部分可设置场景名称、仿真开始时间、仿真结束时间、仿真步长、项目说明等内容。

5）场景操作

"保存场景"按钮可保存场景列表中选中场景的仿真参数。"删除场景"按钮可删除场景列表中选中的场景。

2. 仿真控制

1）仿真菜单栏

仿真菜单栏包括开始仿真、暂停仿真、停止、减速、加速、回放仿真等菜单按钮,如图 2-19所示。

（1）开始仿真:场景加载后,根据设置的场景仿真时间和步长,运行仿真场景。

（2）暂停仿真：暂停当前运行的仿真场景。

（3）停止：停止当前运行的仿真场景，并恢复到仿真初始。

（4）减速：减慢仿真速度。

（5）加速：加快仿真速度。

（6）回放仿真：读取数据文件，进行回放仿真。

图 2-19   仿真菜单栏

2）配置菜单栏

配置菜单栏包括场景配置、网络配置、捕获配置、域配置、数据配置、显示设置、HPOP 参数、预警显示、跟踪变轨设置等按钮，如图 2-20所示。

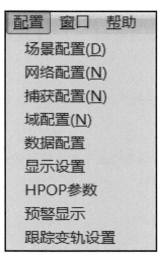

图 2-20   配置菜单栏

3）工具栏

工具栏包括开始仿真、暂停仿真、停止、减速、加速、仿真时间、仿真进度条等。

（1）开始仿真：▶ 场景加载后，根据设置的场景仿真时间和步长，运行仿真场景。

（2）暂停仿真：▮▮ 暂停当前运行的仿真场景。

（3）停止：▪ 停止当前运行的仿真场景，并恢复到仿真初始。

（4）减速：⬇ 减慢仿真速度。

（5）加速：⬆ 加快仿真速度。

（6）仿真时间：`仿真时间 2017-1-1 12:06:20` 显示当前仿真时间。

（7）仿真进度：进度条 `○━━━━━━━━━━━━` 显示当前仿真进度。

3. 添加模型

添加模型菜单栏包括添加卫星（添加通信天线等载荷）、添加地面站、添加船舶、添加导弹、添加输出等，如图 2-21 所示。

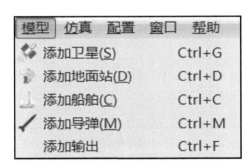

图 2-21　添加模型菜单栏

1）添加卫星

点击"添加卫星"按钮后，弹出添加卫星对话框，可以设置卫星属性，包括卫星轨道、姿态、三维显示等参数。保存后，场景控制窗口中增加卫星名称和图标，并将卫星模型显示到二维和三维场景中。

卫星轨道参数设置如图 2-22 所示，主要包括以下内容。

（1）轨道输入类型：输入半长轴、偏心率、倾角、升交点赤经、近地点幅角、平近点角，选中轨道位置速度，输入卫星惯性系下位置速度向量。

（2）地球同步静止轨道：选中地球同步轨道，选中东经或西经，输入经度值。

（3）轨道双行元：输入轨道双行元参数 (two line element，TLE)。

（4）轨道数据文件：选中模型，输入对应的轨道数据文件（支持卫星批量导入）。

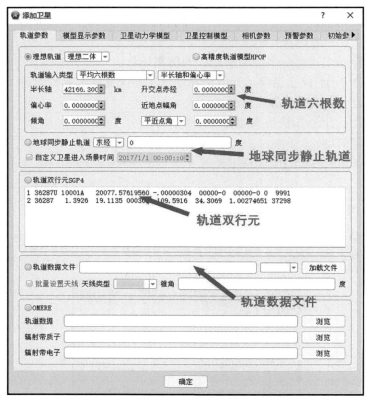

图 2-22　卫星轨道参数设置

卫星三维模型及姿态参数设置如图 2-23所示，主要包括以下内容。

（1）模型名称和颜色：在三维和二维显示中，模型显示的名称和文本颜色。

（2）模型本体坐标轴：在三维显示中，显示模型本体坐标轴。

（3）实时数据显示：选中三维视窗显示坐标，三维显示模型的实时信息；选中二维视图显示经纬度，二维显示模型实时信息。

（4）显示卫星实时辐射值：选中不同辐射云图值，显示辐射数值。

（5）显示卫星大气密度、温度、原子氧等数值：选中不同大气属性类型，显示大气参数数值。

（6）模型分组：选中不同分组名称，将模型加入分组。

（7）卫星初始姿态参数：输入卫星初始姿态四元数参数。

启用外部数据触发，支持第三方软件计算结果的输入。

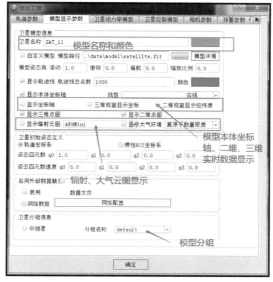

图 2-23　卫星三维模型及姿态参数设置

2）添加天线载荷模型

通信天线载荷模型能够读入天线的三维模型数据，同时可以设置天线的类型、覆盖锥角和通信电磁特性等。添加天线载荷模型如图 2-24所示。通信天线增益参数设置如图 2-25所示。

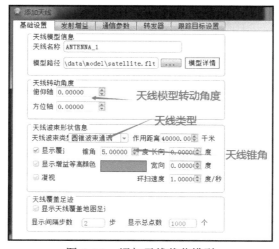

图 2-24　添加天线载荷模型

（1）天线类型：选中天线类型，显示不同种类天线。
（2）天线模型：包含天线的三维模型和初始装配构型。
（3）天线锥角：设置天线锥角大小。
（4）天线模型转动角度：天线模型初始的俯仰角和方位角。
（5）天线增益特性：包含天线的发射电磁特性、天线方向图等信息。

图 2-25　通信天线增益参数设置

3）通信链路申请与设置

点击工具条路由设置按钮，弹出路由设置对话框。如图 2-26所示，设置通信链路申请参数，具体如下。

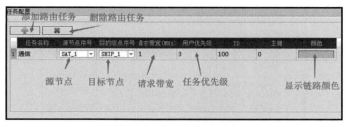

图 2-26　路由设置对话框

（1）源节点：路由链路的起始节点设置。
（2）目标节点：路由链路的目标节点设置。
（3）请求带宽：链路申请的带宽。

（4）显示链路颜色：链路连线在二维、三维场景中显示的颜色。

通信路由域设置操作框如图 2-27所示。链路三维显示如图 2-28所示。点击菜单"配置"，选择"域设置"，具体内容如下。

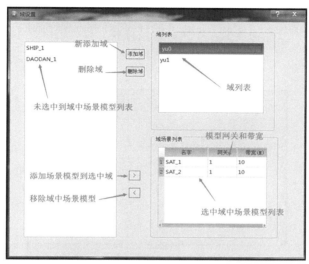

图 2-27 通信路由域设置操作框

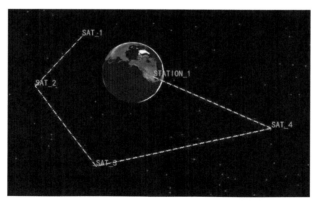

图 2-28 链路三维显示

（1）添加域：添加一个新域到域列表，双击域名修改域名称。

（2）删除域：选中域列表的某个域，点击删除域，删除对应的域。

⊡：选中域列表中的某个域，以及模型列表中要添加的模型，将模型添加到选中的域中。

[◁]：选中域列表中的某个域，以及域场景列表中要移除的模型，将模型移除。

4）添加地面站、船舶、导弹等运动目标

弹出添加地面站/船舶/导弹/飞机装备的对话框，设置属性（支持文件读取及平滑插值计算），保存后场景控制窗口中增加地面站名称和图标，并将地面站模型显示到二维和三维场景中。导弹参数设置和二维、三维显示导弹如图 2-29 和图 2-30所示。

图 2-29　导弹参数设置

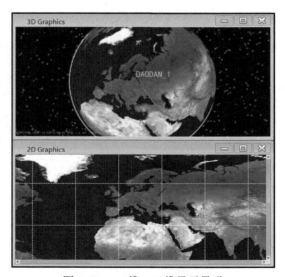

图 2-30　二维、三维显示导弹

4. 发送控制指令

在仿真软件运行过程中，除了可以通过窗口控制仿真进程，还可以通过控制指令控制仿真模型，从而完成仿真模型的外部驱动，发送控制指令可以通过界面输入，也可以由第三方软件通过网络发送。发送指令窗口如图 2-31所示。指令选择列表如图 2-32所示。

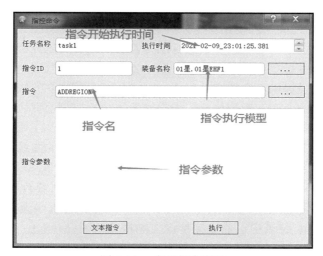

图 2-31　发送指令窗口

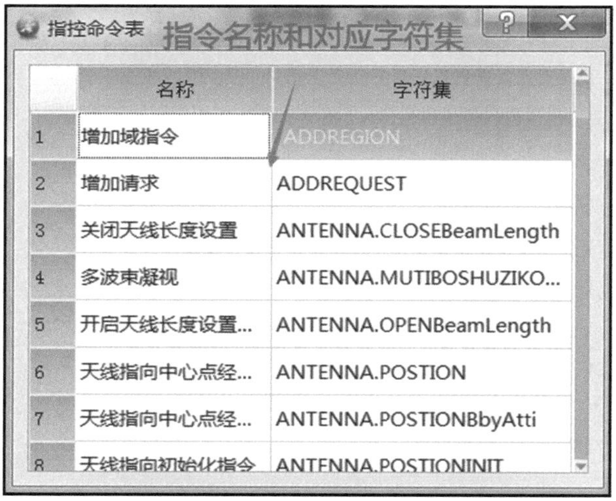

图 2-32　指令选择列表

指令包含以下内容。

（1）指令开始执行时间：仿真过程中指令开始执行的时间点。

（2）指令执行模型：模型列表中选中的执行指令的模型。

（3）指令名：指令集中选中的执行指令名称。

（4）指令参数：执行的指令参数名称，以逗号隔开。

5. 仿真后处理

1）工程数据与曲线可视化窗口显示

为了对任务过程中各状态参数进行准确监控与精确对比分析，还需要对各状态参数的工程值进行状态表示和数值显示，支持多状态的直观对比曲线显示和分析，并为设计人员提供良好的交互界面。可视化演示系统在绘制期望曲线时，需要根据需要显示的参数和通信协议，指定需要接收的遥测数据，并对接收到的遥测数据进行解析和处理，从数据包中解算所选参数的时标及工程值，然后根据步长的变化，绘制参数随时间变化的曲线，完成对工程数据的曲线显示。

2）输出文件或数据库

（1）添加输出：弹出添加输出文件对话框，设置输出参数（图 2-33）。保存后，在场景控制窗口中增加输出文件标识，将仿真过程中设置的文件参数保存到 data\output 目录中，能够支持以文本格式或者 MySQL 数据库形式保存（图 2-34）。

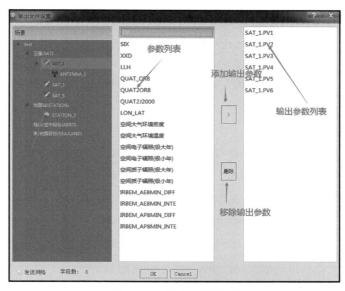

图 2-33　输出参数设置

图 2-34　输出文件及数据库信息

（2）场景列表。

（3）参数列表：选中模型，显示的模型可输出参数列表信息。

（4）输出参数列表。

（5）添加输出参数。

（6）移除输出参数。

火箭对象的状态输出同卫星对象，这里不再赘述。

第三章　空间环境模型

3.1　时间与坐标系系统

3.1.1　时间系统

航天任务中不同的应用场景会使用不同的时间系统。本节主要介绍航天任务中常见的时间系统。时间是物质运动过程中持续性和顺序性的表现，是物质存在的基础形式之一。通常所说的时间计量，包含不同的但又相关的两部分内容。一个部分是计量时间的间隔，即客观物质运动的两种不同的状态经历了多少时间间隔；另一个部分是确定时刻，即客观物质运动某种运动状态是在哪个瞬间发生的。

作为时间计量基准的物质运动需要满足以下三个要求。

（1）物质运动的规律是已知的，并且运动状态是可描述的。

（2）物质运动的某一状态可作为计量时间的起点。

（3）物质运动中的某一过程可以作为时间计量基准。

由于建立时间计量系统所依据的物质运动不同，相继产生过多种计量时间的系统。根据参照的物质运动种类的不同，可归结为四大类，即以地球自转依据建立的世界时（universal time，UT）系统、以地球公转为依据建立的历书时、以原子内部电子能级跃迁时电磁波的振荡频率为依据建立的国际原子时、以天体动力学为依据建立的力学时系统。下面重点介绍几个 SpaceSim 软件常用的时间系统。

1. 恒星时

恒星时以地球真正自转为基础。一个恒星日为春分点上连续两次上中天的时间间隔（23 时 56 分 4.09 秒）。格林尼治恒星时是春分点相对于格林尼治子午圈的时角，春分点经过格林尼治子午圈，即格林尼治恒星时的零时。由于春分点存在真春分点和平春分点，格林尼治恒星时分为格林尼治真恒星时（Greenwich apparent sidereal time，GAST）和格林尼治平恒星时（Greenwich mean sidereal time，GMST）。

GAST 与 GMST 的换算关系为

$$\text{GAST} = \text{GMST} + \delta\psi\cos\varepsilon \tag{3-1}$$

其中，$\delta\psi\cos\varepsilon$ 为赤经章动。

GMST 的表达式为

$$
\begin{aligned}
\mathrm{GMST} = &\ 6^{\mathrm{h}}41^{\mathrm{m}}50^{\mathrm{s}}.54841 + 8640184^{\mathrm{s}}.812866T \\
&+ 0^{\mathrm{s}}.093104T^2 - 6^{\mathrm{s}}.2 \times 10^{-6}T^3
\end{aligned}
\tag{3-2}
$$

其中，T 为从 J2000 历元起算的儒略历世纪数，即

$$
T = (\mathrm{JD}(t) - 2451545.0)/36525.0 \tag{3-3}
$$

本书使用 GMST 计算自 J2000 历元起算的地球自转角度。

2. 世界时

UT 即格林尼治平太阳时。从本初子午线的平子夜起算，不同地区的地区时间和 UT 之差等于该地的经度。一个 UT 包括 86400 平太阳秒，24 平太阳时。最初天文台观测恒星得到 UT 的初值 UT0，随后考虑地球自转的不均匀性和极移运动的影响，加入极移修正 $\Delta\lambda$ 和自转速度 ΔT_S 可以得到 UT1 和 UT2。它们的关系为

$$
\begin{aligned}
\mathrm{UT1} &= \mathrm{UT0} + \Delta\lambda \\
\mathrm{UT2} &= \mathrm{UT1} + \Delta T_S = \mathrm{UT0} + \Delta\lambda + \Delta T_S
\end{aligned}
\tag{3-4}
$$

1）协调世界时

协调世界时（coordinated universal time，UTC）又称世界同一时间，以原子秒长为基础，时刻上尽量与 UT1 时间接近。为了确保 UTC 与 UT 相差不超过 0.9s，位于巴黎的国际地球自转事务中央局会决定在有需要的情况下，在 UTC 内加入闰秒。

在轨道计算的过程中，卫星的发射时间和当前位置均采用 UTC 时间作为输入。

2）儒略日

儒略日是以公元前 4713 年 1 月 1 日格林尼治平午（UT 12h）为起点的天数。通过将公历年月日转换成儒略日，能够在一个统一规格下获得两个公历时刻之间相差的描述，方便制定仿真步长。同样，儒略日也适用于地球自转角度的计算。

由公历计算儒略日的公式为

$$
\begin{aligned}
\mathrm{JD} = &\ 367 \times \mathrm{Year} - \mathrm{INT}\left\{ 7\left[\mathrm{Year} + \mathrm{INT}\left(\frac{\mathrm{Month}+9}{12}\right)\right] \Big/ 4 \right\} \\
&+ \mathrm{INT}\left(\frac{275 \times \mathrm{Month}}{9}\right) + \mathrm{Day} \\
&+ 1721013.5 + \frac{\mathrm{Hour}}{24} + \frac{\mathrm{Minute}}{1440} + \frac{\mathrm{Second}}{86400}
\end{aligned}
\tag{3-5}
$$

其中，INT() 为取整函数；Year、Month、Day、Hour、Minute、Second 分别为公历计时系统中的年、月、日、时、分、秒。

3.1.2　坐标系系统

为了描述航天器在空间的位置和速度,必须确定作为参考的坐标系。通常所说的笛卡儿坐标系根据三个正交的单位矢量定义,并且满足右手定则。在不同的应用场合应根据需要选择不同的坐标系来简化计算分析过程。这里主要介绍 SpaceSim 软件对坐标系的定义。

SpaceSim 软件可以为每个中心天体定义相关的坐标系。这些坐标系的坐标原点相同,都是中心天体的质心,但是坐标轴不同。中心天体的坐标系可分为两种类型,一种是固连坐标系,另一种是惯性坐标系。固连坐标系随中心天体一起旋转,惯性坐标系不随中心天体旋转。固连坐标系的参考架需要考虑自转轴的运动和环绕自转轴的运动(旋转),而惯性坐标系仅考虑自转轴的运动。自转轴的运动一般包括长周期漂移(岁差)和短周期震荡(章动)。平坐标系仅考虑岁差,而真坐标系同时考虑岁差和章动,但是两者都不考虑环绕自转轴的旋转。

所有中心天体都支持固连坐标系、协议天球参考架 (international celestial reference frame，ICRF) 坐标系、J2000 坐标系和惯性坐标系。由地球和月球定义的坐标系最多,其中月球有多个版本的固连坐标系。太阳包括黄道坐标系。其他天体则包括一些通用的坐标系。

下面简要介绍 SpaceSim 软件的常用坐标系。

1. 地心地固坐标系

为了对指向点的经纬高向卫星所在的历元坐标系进行变换,首先对地心大地坐标系下的目标点坐标向地心地固坐标系进行变换。地心地固坐标系如图 3-1 所示。地心地固坐标系的原点和地球质心重合,Z 轴指向地球北极,X 轴指向赤道与格林尼治子午面的交点,Y 轴、X 轴、Z 轴构成右手直角坐标系。

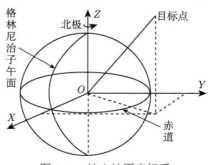

图 3-1　地心地固坐标系

2. 地心大地坐标系

在描述天线指向目标时，常使用大地经纬度表示。GPS 使用 WGS-84 坐标系。本书根据 WGS-84 坐标系及其对应的 WGS-84 地球椭球模型进行后续的天线指向计算，坐标系定义如下。

WGS-84 是质心坐标系系统，原点和地球质心重合。如图 3-2 所示，Z 轴指向国际时间局 1984.0 定义的协议地极方向，X 轴指向协议子午面和协议地极与赤道的交点，Y 轴、X 轴、Z 轴构成右手直角坐标。在 WGS-84 坐标系下，大地坐标 h_{lon}、h_{lat}、h_{alt} 即目标的在 WGS-84 坐标系下的经纬高。大地经度 h_{lon} 为目标点的大地子午面和本初子午面的夹角，大地纬度 h_{lat} 为通过目标点的 WGS-84 椭球法线与赤道平面的夹角，h_{alt} 为目标点与 WGS-84 椭球面的法线距离。

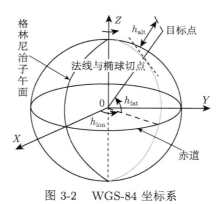

图 3-2　WGS-84 坐标系

与 WGS-84 坐标系对应的是 WGS-84 椭球，参数如表 3-1 所示。

表 3-1　WGS-84 椭球参数

项目	a/m	b/m	c/m	f	e^2	e'^2	J_2
值	6378137.0 00000000	6356752.3 14245179	6399593.6 25758493	1/298.57 222101	0.0066943 799901413	0.0067394 967422764	0.001082 62982131

3. 历元地心惯性坐标系

历元地心惯性坐标系采用 J2000 坐标系。天球参考坐标系利用 J2000（2000年 1 月 1 日 12 时）时刻的天赤道和二分点定义。如图 3-3 所示，J2000 坐标系坐标原点与地球质心重合，X 轴指向 J2000 时刻平春分点，Z 轴指向北极，Y 轴、X 轴、Z 轴构成右手直角坐标系，是惯性坐标系。

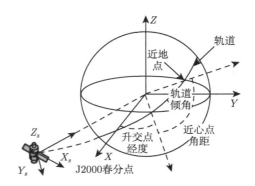

图 3-3　J2000 惯性坐标系及卫星本体坐标系

4. 卫星本体坐标系

天线赋形波束增益文件的坐标系基于卫星本体坐标系，其定义如下。

如图 3-4所示，坐标原点位于卫星质心，X_S 轴、Y_S 轴、Z_S 轴分别为卫星本体三个主惯量轴。在没有姿态偏差的情况下，卫星本体坐标系的三个坐标轴和卫星轨道坐标系重合。此时，卫星的 Z_S 轴指向地心，X_S 轴方向与卫星运动方向重合，Y_S 轴指向卫星轨道面负法线方向，与 X_S 轴、Z_S 轴构成右手直角坐标系，Z_a、El 分别为天线的方位角和俯仰角。

天线坐标系三轴与卫星本体坐标坐标系重合。在天线坐标系下，可以通过指向矢量在 X_a 轴、Y_a 轴上的分量 u、v，或者方位角、俯仰角两种方式描述指向矢量。

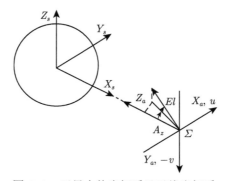

图 3-4　卫星本体坐标系及天线坐标系

3.1.3　坐标系转换

1. J2000 坐标系与地心地固坐标系

从 J2000 坐标系到地心地固坐标系需要考虑岁差、章动、地球自转和极移的影响，其中地球自转可以用格林尼治恒星时角来表示。坐标变换关系如图 3-5

所示。

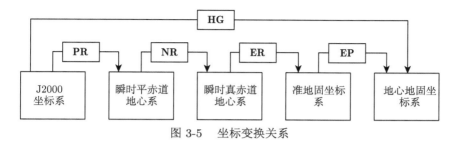

图 3-5   坐标变换关系

图中，**PR**、**NR**、**ER**、**EP** 分别为岁差矩阵、章动矩阵、地球自转矩阵、极移矩阵，**HG** 为 J2000 坐标系到地心地固坐标系的总体变化矩阵，即

$$\mathbf{HG} = (\mathbf{PR})(\mathbf{NR})(\mathbf{ER})(\mathbf{EP}) \tag{3-6}$$

1）岁差矩阵

岁差在日月和其他行星引力作用下，地球自转轴的长期运动。岁差矩阵为

$$\mathbf{PR} = \boldsymbol{R}_z(-z_A)\boldsymbol{R}_y(\theta_A)\boldsymbol{R}_z(-\zeta_A) \tag{3-7}$$

其中，z_A、θ_A、ζ_A 为岁差角，即

$$\begin{cases} \zeta_A = 2306''.2181T + 0''.30188T^2 + 0''.017998T^3 \\ \theta_A = 2004''.3109T - 0''.42665T^2 - 0''.041833T^3 \\ z_A = 2306''.2181T + 1''.09468T^2 + 0''.018203T^3 \end{cases} \tag{3-8}$$

2）章动矩阵

章动是外力引起的地球自转轴的短期摇摆，变换矩阵为

$$\mathbf{NR} = \boldsymbol{R}_x(-\varepsilon_A - \Delta\varepsilon)\boldsymbol{R}_z(-\Delta\psi)\boldsymbol{R}_x(\varepsilon_A) \tag{3-9}$$

其中，ε_A 为历元平黄赤交角；$\Delta\psi$ 为黄经章动；$\Delta\varepsilon$ 为黄赤交角章动。

这两项章动可以通过 DE405 的星历文件，利用式 (3-10)~ 式 (3-12) 插值获取，即

$$\varepsilon_A = 84381''.448 - 46.8150T - 0.0059T^2 + 0.001813T^3 \tag{3-10}$$

$$\begin{cases} \Delta\psi = \sum_{i=1}^{106}(A_i + A_i'T)\sin(\sigma_i) \\ \Delta\varepsilon = \sum_{i=1}^{106}(B_i + B_i'T)\cos(\sigma_i) \end{cases} \tag{3-11}$$

$$\sigma_i = a_{1i}l + a_{2i}l' + a_{3i}F + a_{4i}D + a_{5i}\Omega \tag{3-12}$$

其中，l 为月亮平近点角；l' 为太阳平近点角；F 为月亮平升交角距；D 为日月平角距；Ω 为月球轨道升交点平黄经。

以上参数可通过式 (3-13) 求得，即

$$\begin{cases} l = 134°57'46''.733 + (1325^r + 198°52'02''.633)T + 31''.310T^2 + 0''.064T^3 \\ l' = 357°31'39''.804 + (99^r + 359°03'01''.224)T - 0''.577T^2 - 0''.012T^3 \\ F = 93°16'18''.877 + (1342^r + 82°01'03''.137)T - 13''.257T^2 + 0''.011T^3 \\ D = 297°51'01''.307 + (1236^r + 307°06'41''.328)T - 6''.891T^2 + 0''.019T^3 \\ \Omega = 125°02'04''.280 - (5^r + 134°08'10''.539)T + 7''.455T^2 + 0''.008T^3 \end{cases} \tag{3-13}$$

3）地球自转矩阵

J2000 坐标系与地固坐标系的主要差别是，地固坐标系考虑地球自转，因此精确的地球自转矩阵尤为重要。矩阵表达为

$$\mathbf{ER} = \boldsymbol{R}_z(\theta_G) \tag{3-14}$$

其中，θ_G 为格林尼治恒星时。

$$\begin{aligned} \theta_G = 15 \times [&6^h41^m50^s.54841 + 860184^s.812866T \\ &+ 0^s.0931047T^2 - 6^s.2 \times 10^{-6}T^3 + \Delta\varphi\cos(\varepsilon_A + \Delta\varepsilon)] \end{aligned} \tag{3-15}$$

4）极移矩阵

地球自转轴相对于地球的位置随时间变化，会改变观察者的天顶在天球上的位置，称为极移。极移矩阵为

$$\mathbf{EP} = \boldsymbol{R}_y(-x_p)\boldsymbol{R}_x(-y_p) \tag{3-16}$$

其中，x_p 和 y_p 为地极坐标。

2. 地心大地坐标系与地固直角坐标系

设目标在地心大地坐标系下的坐标为 $(h_{\text{lon}}, h_{\text{lat}}, h_{\text{alt}})$，则地心地固坐标系下的坐标为

$$\begin{cases} x_d = (N + h_{\text{alt}})\cos h_{\text{lat}}\cos h_{\text{lon}} \\ y_d = (N + h_{\text{alt}})\cos h_{\text{lat}}\sin h_{\text{lon}} \\ z_d = [N(1 - e^2) + h_{\text{alt}}]\sin h_{\text{lon}} \end{cases} \tag{3-17}$$

其中，$e^2 = (a^2 - b^2)/a^2$；$N = a/\sqrt{1 - e^2\sin^2 h_{\text{lat}}}$ 为卯酉圈曲率半径。

同理，可以通过地心地固坐标系下的坐标求解经纬高，即

$$
\begin{cases}
h_{\text{lon}} = \arctan \dfrac{y_d}{x_d} \\
h_{\text{lat}} = \arctan \dfrac{z_d + N e^2 \sin h_{\text{lat}}}{\sqrt{x_d{}^2 + y_d{}^2}} \\
h_{\text{alt}} = \dfrac{z_d}{\sin h_{\text{lat}}} - N\left(1 - e^2\right)
\end{cases}
\tag{3-18}
$$

3. 卫星轨道坐标系与 J2000 坐标系

已知卫星在 J2000 坐标系下的位置矢量和速度矢量，通过矢量叉乘关系可以求出卫星轨道坐标系三个坐标轴的方向，即

$$
\begin{cases}
\boldsymbol{Z} = -\dfrac{\boldsymbol{P}}{|\boldsymbol{P}|} \\
\boldsymbol{Y} = -\dfrac{\boldsymbol{P} \times \boldsymbol{V}}{|\boldsymbol{P} \times \boldsymbol{V}|} \\
\boldsymbol{X} = \boldsymbol{Y} \times \boldsymbol{Z}
\end{cases}
\tag{3-19}
$$

将轨道坐标系下的向量 $[x_s, y_s, z_s]^{\mathrm{T}}$ 变换成 J2000 坐标系下 $[x_{\text{J2000}}, y_{\text{J2000}}, z_{\text{J2000}}]^{\mathrm{T}}$，可以先旋转，再平移，即

$$
\mathbf{OR}_{\text{J2000}} = \begin{bmatrix} \boldsymbol{X}_{\text{J2000}} & \boldsymbol{Y}_{\text{J2000}} & \boldsymbol{Z}_{\text{J2000}} \end{bmatrix}
\tag{3-20}
$$

$$
\mathbf{OR} = \begin{bmatrix} X_s & Y_s & Z_s \end{bmatrix}
\tag{3-21}
$$

$$
\begin{bmatrix} x_{\text{J2000}} \\ y_{\text{J2000}} \\ z_{\text{J2000}} \end{bmatrix} = \mathbf{OR} \cdot \begin{bmatrix} x_s \\ y_s \\ z_s \end{bmatrix} + \boldsymbol{P}
\tag{3-22}
$$

3.2 空间环境建模

空间环境作为人类活动的第四环境，在 1981 年罗马召开的国际宇航联合会第 32 届年会上确立 [5]。空间环境是航天器在空间飞行的基本环境条件，对航天器的运行和各系统的工作有显著的影响。空间环境是航天器在轨道上运行时遇到的自然环境和人工环境。地球周围复杂空间环境示意图如图 3-6所示。近四十年的航天实践证明，空间环境是诱发航天器异常和故障的一个主要原因，必须给予极大的关注。空间环境涵盖广阔的空间范围，从近地空间直至浩瀚的太空，可划分为太阳系空间和太阳系以外的空间。太阳系空间包括近地球空间、行星空间和

行星际空间。行星空间是指行星引力、磁场、大气层所及的范围。行星际空间是指太阳系行星之间的空间。太阳系以外的空间分为恒星际空间、恒星系空间、星系际空间。随着航天技术的发展，人类对空间环境的认知范围不断扩展 [6]。

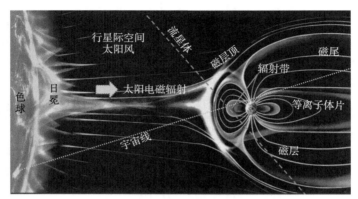

图 3-6　地球周围复杂空间环境示意图

3.2.1　太阳对近地空间的影响

空间环境又称空间天气，近地空间环境受太阳的影响显著。太阳与地球的基本参数如表 3-2所示。表中所列参数数值在一般情况下使用，不同的模式也可能采用其他数值。在不同的情况下，应采用与模式相关的参数值。

表 3-2　太阳与地球的基本参数

参数	取值
从地球到太阳的距离	1.4959787×10^8km(定义为 1AU)
太阳常数 (1AU 处)	(1367 ± 7)W/m^2
地球轨道的偏心率	0.0167295
地球轨道周期	365.25636 d
地球半径 (赤道)	6378.140km
地球质量	5.977×10^{24}kg
地球自转速率	0.72921×10^{-4}rad/s
地球引力常数	3.986012×10^{14}m^{3}s^{-2}
地球赤道倾角	23.45°
地球自转周期	23.934h(86162.4s)
空间背景温度	3K
太阳辐射压力 (1AU 处)	9.02×10^{-6}N/m^2(100%反射)

在太阳系中，太阳是空间环境变化的原动力，主要通过电磁辐射、高能带电粒子、等离子体三个途径影响空间环境。太阳电磁辐射通量能够传入地球大气层，并在某些波段到达地球表面。太阳粒子通量基本上由两部分组成，一是随机发射

的能量粒子 (>1MeV)，涉及太阳耀斑、日冕物质抛射、质子事件等；二是变化的低能背景等离子体 (质子能量为数千电子伏，电子能量仅为数十电子伏)，称为太阳风。太阳风的密度约为每立方厘米几十个粒子，速度可达 200~2000km/s。太阳风强烈地影响着行星际空间环境，有时会到达地球同步轨道。由于受到地球磁场的屏蔽作用，太阳风不会直接到达低地球轨道、极地轨道和中地球轨道，但却是地磁活动的主要能源，会显著影响这些轨道的环境。

在近地空间发生的空间环境变化很大一部分是由太阳活动控制的。太阳活动的变化通常以黑子数表征，大体上呈现 11 a 的平均周期。由太阳发出的电磁辐射与太阳风、太阳磁场及太阳宇宙线类似，虽然在 11 a 周期内相位能够确定，太阳活度的准确水平却难以预测。从工程应用的角度，将太阳高年持续的时间定为从黑子数达到极大值前 2.5 a 开始至其后 4.5 a 结束（总共 7 a）。

等离子体与能量粒子都是从太阳表面的局部区域发出的。由于这些活性区域和日冕某些特性存在的时间长于太阳自转的 27 d 周期，而且只有在面向地球时才会影响地球，因此太阳活动的增强能够预先 27 d 或更长时间被估计。地球大气和电离层的长期变化与太阳活动周期有关，太阳活动增强会引起高层大气温度升高，并使之向外膨胀，导致给定高度的大气密度增加。类似地，电离层的密度和温度也会受到太阳活动周期变化的影响。

太阳活动短期变化的影响主要表现在地球同步轨道与极地轨道上，以太阳耀斑和地磁暴影响为主。太阳耀斑是太阳大气中最激烈的一种活动现象，能在 10^2~10^3 s 内释放 10^{30}~10^{33} 尔格 (1 尔格 $=10^{-7}$ 焦耳) 能量，常常产生能量粒子事件并伴随极紫外辐射通量的剧烈增强。太阳能量粒子事件常发生在太阳高年，每次持续几秒至几小时不等。太阳耀斑的高能电磁辐射与粒子流传到近地空间时，会引起电离层的突然扰动与复杂的地磁效应。耀斑激波引起的行星际激波造成地磁暴；耀斑粒子流引起地磁暴、极盖吸收效应和极光。磁暴是全球范围地磁场的剧烈扰动，扰动持续时间可达到十几小时至几十小时。磁暴常表现为一系列与极光增强现象有关的脉冲事件，每次事件的持续时间约为 0.5~2h，称为亚暴。地磁场变化能够灵敏地反映近地空间环境的变化，成为近地空间状态的重要表征。磁暴和亚暴实际上是太阳风等离子体与地磁层复杂相互作用的结果。

3.2.2 近地空间环境分析

从严格意义上讲，近地空间是指半径等于从地球到月球平均距离（约 38 万km）的球形空间。从工程应用的角度，习惯将近地空间视为从地球表面约 60km 高度的电离层底部延伸至地球磁层边界的空间区域，原因是这样定义便于考虑地磁层状态的影响。该区域的外边界在向日侧距地球表面约 95 万 km(约 16 个地球半径)，在背日侧的距离要比向日侧大数十倍。大体上，可以将近地空间看成地球磁层包围的区域。地磁层是地球磁场与太阳风相互作用形成的。若无太阳风存在，地球磁场可近似为理想的偶极磁场，延伸至地球周围很远的空间。在太阳风的作用下，地球磁场变形，向日侧被压缩，背日侧向后延伸到很远的地方。这种高度变形的地磁场存在的空间便是地磁层。地磁层的外边界称为磁层顶。

太阳风是高温日冕气体膨胀，连续不断发射的高速等离子体径向流，基本组分是质子（约 96%）和电子，还有一些其他的重离子（约 3%～4%He++）。稳态的太阳风分为低速流（300～400km/s，源于宁静日冕区）和高速流（500～800km/s，源于冕洞）。通常，质子能量约 3keV，电子能量约 10～20eV，质子通量约 $10^8 cm^{-2}s^{-1}$。当日冕等离子体向外膨胀成太阳风流时，日冕磁场被拉向行星际空间。伴随太阳风的磁场称为行星际磁场（interplanetary magnetic field，IMF）。行星际磁场线一端固定在日冕等离子体上，另一端随着太阳风伸向行星际空间。行星际磁场线是从太阳风向地磁层传输能量的重要通道。

当以超快磁声速运动的太阳风等离子体接近地磁层时，会在磁层前方形成一个压缩性的驻激波，称为弓形激波或舷激波。太阳风穿过舷激波后，变成亚快磁声速流而绕地磁层顶流动。舷激波与地磁层顶之间的区域称为磁鞘。太阳风等离子体经过舷激波进入磁鞘后，流速减小，温度增加。该区域平均等离子体的密度约为 $10^8 cm^{-3}$，离子温度约为 150eV，磁场强度约 15nT，流速约 250km/s。当行星际磁场南向时，会在向日侧磁层顶与地磁场线发生磁重联，导致磁鞘等离子体向地磁层输运能量、动量、质量。因此，磁鞘是直接影响近地空间环境的行星际等离子体区域。

地磁层处于行星际磁场的包围之中，并受其控制。在大约距地心 $4～5R_E$（R_E 为地球半径）范围内，近地空间的外形近似呈轴对称性，而在此范围外呈非轴对称性。近地空间的基本环境因素如下。

1. 中性大气环境

中性大气是低地球轨道条件下重要的环境因素。对于地球同步轨道和中地球轨道，中性大气的密度低且变得不重要。地球大气按照温度或成分剖面分成几个特征区域。与低地球轨道相关的主要是热层大气，高度约为 85～1000km。热层大气的特点是温度随高度的增加而增加。热层大气的实际结构与太阳活动水平密切相关。在热层大气中，各组分气体分子碰撞不足以达到充分混合，而处于扩散平衡状态。在热层以上，主要气体组分是氢和氦，并且具有固定温度，称为外层大气。

热层大气的浓度随高度大体呈指数降低，这是流体静力学平衡的结果。热层大气的主要组分包括 Ar、O_2、N_2、O、He、H。流体静力学平衡使 H 和 He 成为热层顶部大气的主要组分。在低地球轨道和极地轨道条件下，中性气体主要是原子氧与少量 O_2、N_2、H，可能还有小于 1% 的 He、NO、N、Ar。热层大气的温度与太阳周期、纬度、地方时等因素有关,可从 100km 高度时的约 100K 增加至 1000km 时的 500~1500K,强地磁活动时还可达到 2000K。低地球轨道航天器飞行速度约为 7.8km/s,中性大气正面撞击航天器的动能可以达到 5eV 以上 (从 N 撞击时的 4.6eV 至 O_2 撞击时的 10.25eV)。这会导致中性大气与航天器材料产生化学反应 (如原子氧剥蚀等)。由于中性大气相对于航天器的定向运动速度显著高于热运动速度,因此两者的相互作用呈现各向异性。

许多因素会影响中性大气的基本参数 (密度、温度、成分),包括地方时、纬度、高度、太阳活动、地磁活动等。通常用 F10.7 指数表征太阳极紫外辐射 (extreme ultraviolet,EUV) 的变化,并以黑子数在一定程度上反映太阳对地磁活动的影响。太阳极紫外辐射与地磁扰动是高层大气的主要加热源。中性大气的密度和温度通常随 F10.7 指数与地磁指数的提高而增加,如在 400km 高度,中性大气在太阳高年 (F10.7≈230) 时的平均密度可比太阳低年 (F10.7≈70) 时提高约 1 个数量级。相应地,太阳高年时,太阳极紫外辐射加热使外层大气温度从约 700K 提高至约 1200K。中性大气的基本参数与时间的关系呈现昼夜变化与季节性变化,有半年变化模式。在热层的中间高度 (如 500km),大气的最高平均密度在 10~11 月达到最高,在 4 月最低。在相同高度下,日平均温度在接近地方时 14:00 时最高。

2. 地磁场与磁层电流

地磁场与太阳风的相互作用是形成地磁层的根源。在 1000km 以上,地磁层是起控制作用的地球物理环境;在 1000km 以下,地磁场主要通过控制电离层等离子体影响中性大气的动力学过程。近地空间磁场有两个来源,一个来源是地球内的电流,可在地球表面产生约 99% 的磁场;另一个是地磁层电流系。后者在超过几个地球半径以外,所起的作用相对较大。原因是,前者与距地心距离的三次方呈反比。在许多情况下,可将地球磁场视为偏心偶极子,磁轴倾斜 11.7° 并向东南亚方向 (15.6°N、150.9°E) 偏离地心约 430km。由于地磁轴倾斜 11.7°,北美东部的地磁纬度增加 11.7°,而在地球的另一端降低 11.7°。地磁偶极子的倾斜和偏离导致巴西海岸南大西洋区域 (其中心在 40°W、30°S 附近) 地球表面在地磁场中的高度比其他地区高。这导致该区域上空磁场强度减小(负异常)和内辐射带离地面高度下降,成为形成南大西洋异常区的重要原因。在地磁偶极子以极低速度倾斜与偏离的影响下,南大西洋异常区缓慢地向西漂移。

在低地球轨道条件下,地磁内源场起主导作用,即便是在强磁暴时也约为地磁强度的 99%。这说明,磁暴时地磁场在低地球轨道高度产生的扰动较小。同内源场不同,外源场主要源于电离层电流和磁层电流,并呈现明显的短期变化特征 (从几分钟至几天不等)。外源场可分为平静变化场 Q 和扰动变化场 D 两部分,一般由地磁地面站测量。前者主要来源于太阳静日变化 Sq 场（由每月 5 天磁静日统计得出，源于太阳电磁辐射感生的电离层电流），比内源场至少低 2~3 个数量级；后者源于行星际空间的突然变化。行星际空间的变化通过太阳风等离子体及其俘获的太阳磁场进行传递。扰动场 D 随机出现，无规律。扰动场 D 包含两个明显不同的来源，即地磁暴和地磁脉动分量。磁暴是持续时间较长的强地磁场扰动。相比之下，地磁脉动是地磁场的一种幅度较小的短周期变化，与太阳风压力改变、磁层变化、带电粒子运动等多种因素有关。

　　磁层是地磁场控制的空间等离子体区域。磁层等离子体的运动会产生电流。磁层内存在某些电流集中的区域，它们构成磁层电流系。磁层电流是表征磁层不可缺少的电学参量，也是地磁效应的重要载体。在远离地球的地方，地磁层结构取决于磁层电流系。磁层电流系主要包括磁层顶电流、磁尾电流、环电流、场向电流。它们相互联系形成闭合的电流体系。磁层顶电流与磁尾电流均为相邻区域的磁场明显不同时，边界上产生的电流片。这是无碰撞等离子体中磁场冻结特性的一个自然结果。磁层顶电流片是地磁层磁场与行星际磁场的交界面，即地磁层的外界面。在向日的一侧，磁层顶电流向东流动，即沿晨-昏方向横越磁层顶的日下点，并分别环绕南、北极尖区形成涡旋型电流。从太阳朝向地球看，北半球的磁层顶电流涡旋是逆时针方向，南半球的是顺时针方向。磁尾电流由中性片电流及其在磁尾磁层顶的闭合电流（磁尾磁层顶电流）组成。中性片电流又称越尾电流片。磁尾中性片把磁尾分成南北两瓣，是磁场方向由向太阳 (北侧) 到背太阳 (南侧) 的转变区，存在横穿磁尾的由晨到昏的西向电流。中性片电流从昏侧分别向北和向南与磁尾磁层顶电流组成闭合回路。环电流是地磁场俘获的正、负带电粒子分别向西和向东漂移形成的。在地磁场梯度和曲率的影响下，正的带电粒子沿磁壳层向西漂移，而负的带电粒子向东漂移，形成绕地球的西向环电流。环电流离地心约 3~7 个地球半径，磁宁静时离地球近些，磁暴时远些。磁暴时，环电流大大增强。环电流的主要离子组分是质子（还可能有 O+ 和 He+），离子能量为 1~200keV；电子能量 <10keV。场向电流是指沿着地磁场线流动的电流。由于磁层空间存在无碰撞等离子体，带电粒子都绕磁场线回旋，因此由磁场线来约束和串联起来。在磁层电流系中，场向电流特别重要，起到贯穿和桥联作用。磁暴时从磁尾注入的大量热等离子体成为场向电流进入高纬电离层。场向电流是磁层顶边界层与电离层耦合的重要途径。

3. 等离子体环境

　　空间等离子体是影响各种轨道航天器的重要环境因素。地磁层存在不同能量和密度的等离子体区域，包括电离层、等离子体层、等离子体片、地磁层尾瓣、磁层顶边界层。电离层和等离子体层分别位于大气层和内磁层。后三者为外磁层等离子体聚集区。外磁层是储备源于太阳风粒子并将其不断向内磁层输运的重要区域，易受太阳和地磁活动的影响发生剧烈变化。地磁层外是稀薄的太阳风等离子体，从太阳径向向外在行星际空间流动。

1) 电离层

中性大气从地球表面可延伸至约 2500km 高度，相应的大气质量密度降至约 $10\sim17kg/m^3$。继续增加高度时大气密度连续降低，没有严格的外边界。太阳短波电磁辐射可使中性大气电离，产生等离子体。在 $50\sim1000km$ 高度范围，部分中性大气发生光致电离的区域称为电离层。在 1000km 以下，等离子体的数密度低于中性大气的数密度。在约 150km 以上，等离子体与中性气体很少发生碰撞，彼此间几乎不产生相互作用。这使电离层等离子体的行为主要通过静电作用控制。在约 $50\sim150km$，中性大气与电离层以复杂的方式发生相互作用。电离层总体呈电中性，电子密度与总的正离子密度（各种正离子密度之和）相等。电离层具有电子密度高 ($>10^3\sim10^4cm^{-3}$)、能量低（等效温度 $<3000K$，平均动能 $<0.3eV$）的特点，常称为冷、稠等离子体。

2) 等离子体层

从电离层往上至约 $L=5$，并且足点位于磁纬度 $60°\sim65°$ 的磁场线所包围的区域称为等离子体层。其外形好似一个距地心约 $5R_E$ 的偶极磁场线的旋转体。等离子体层实际上是高层大气充分电离的区域，可视为电离层向地磁层的延伸，主要组分为 H+（质子）和电子，以及少量的 H + 和 O+ 等。等离子体层的内边界由离子组分发生从电离层顶的 O+ 改变为 H+ 时的高度界定。电离层顶附近发生 O+ 与 H 原子电荷交换过程，导致等离子体层形成。等离子体层内边界视地球物理状态不同，可在 $500\sim2000km$ 高度范围内变动。通常，等离子体层的电子密度在 1000km 高度约 $10^4\sim10^5cm^{-3}$，并在其外边界（称为等离子体层顶）降至约 $10^2\sim10^3cm^{-3}$。等离子体层顶位置与地磁活动呈反相关，地磁平静时上移，地磁活动增强时移向地球。等离子体层是密度较高（$10^2\sim10^3cm^{-3}$）而能量低（$<1eV$，等效温度约 $5000K$）的冷等离子体区域。可以认为，等离子体层粒子在地磁场内也呈现绕磁场线回旋，沿磁场线反弹及绕地球漂移运动。由于等子体层粒子的能量低，其回旋运动较为稳定（如质子的回旋周期约为 0.1s），而反弹和漂移的周期长（对质子而言，分别为 2h 和 >40 年），易受到干扰破坏。等离子体层内存在指向地球的电场，可与地磁场共同作用，使等离子体层随地球共旋转。等离子体层粒子通过库仑碰撞呈现麦克斯韦速度分布。

3) 等离子体片

在地磁尾赤道面附近，存在以中性片居中的形状类似平板状的热等离子体区域，称为等离子体片。如图 3-7 所示，它包围在等离子体层之外，两者相距约几个地球半径（低密度的等离子体槽区）。通常将粒子平均动能大于 100eV 的等离子体称为热等离子体。等离子体片内边界在赤道面距地心约 $7\sim10R_E$，对应的磁场线的足点纬度约为 $68\sim72°$。等离子体片沿磁尾延伸很远的距离（约 $120R_E$，达到磁尾磁重联的中性点），平均厚度约为 $6\sim10R_E$，磁场线呈高度拉伸闭合形态。等离子体片常划分为近地等离子体片（$8\sim20R_E$）、中磁尾等离子体片（$20\sim60R_E$）、远磁尾等离子体片（$>60R_E$）。在等离子体片与尾瓣的边界层，等离子体的数密度和整体的对流速度稍低于片的中心部，该层称为等离子体片边界层。等离子体片的内、外边界磁场线在极区的投影与极光卵出现的位置对应。等离子体片的主要组分为质子和电子，磁宁静时平均能量分别为几千电子伏和几百电子伏，密度约为 $1.0\mathrm{cm}^{-3}$，源于太阳风等离子体（从地磁层顶边界层进入）与极区电离层的贡献。地磁扰动时，会有源于电离层的离子（H+、He+ 和 O+）向等离子体片注入。等离子体片是地磁层最活跃的动态扰动区域，其厚度在磁扰动时变薄（至约 $1R_E$）且内边界移向地球，同时有大量热等离子体向地球同步轨道注入。磁层亚暴期间，电子能量可增加至约 $1\sim10\mathrm{keV}$。热等离子体（主要是热电子）从等离子体片边界层沿磁场线向极区电离层沉降形成分立极光。因此，等离子体片会对地球同步轨道和极地轨道环境产生重要的影响。

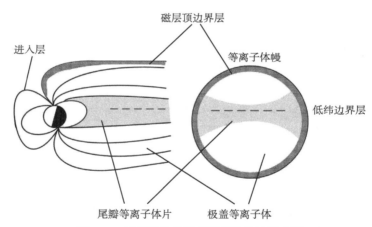

图 3-7   等离子体片及磁层顶边界层示意图

4）磁层顶边界层

沿着地磁层顶存在三种类型的边界层，分别称为等离子体幔、进入层、低纬边界层。前两种边界层又统称为高纬边界层。有时将极尖区也视为高纬边界层的一部分，而将进入层称为内极尖层。磁层顶边界层位于磁层顶内侧，是太阳风进入地磁层形成的等离子体传输区。通常，太阳风等离子体易从极尖区附近进入地磁层。极尖区是向日侧磁层顶中性点（磁场为零）附近呈漏斗形的较高密度等离子体区域。太阳风等离子体可直接进入该区域，成为太阳风向地磁层输入质量、能量和动量的关键部位。进入磁层的大部分太阳风等离子体沿开磁场线向磁尾流动，在磁层顶内侧形成壳层，称为等离子体幔（数密度约 $0.01\mathrm{cm}^{-3}$，质子和电子的能量分别为 300eV 和 50eV）。在极尖区边界周围易由磁场线俘获直接从磁鞘进入的等离子体，形成的等离子体密度较高的边界层称为进入层。磁鞘等离子体可通过扩散等机制进入日侧磁层顶内侧，形成从向阳面中、低纬区经晨、昏侧面延伸至磁尾的边界层，称为低纬边界层。在日下点附近，低纬边界层的厚度较薄（约 $0.5\sim1R_E$ ），而在磁尾远处可达几个地球半径。低纬边界层的内侧邻接等离子体片。磁层顶边界层粒子来源于磁鞘内的太阳风等离子体，主要组分为质子和电子，以低于磁鞘流的速度绕磁层运动。地磁扰动时，磁层顶边界层内还可观察到相当数量的源于电离层的离子组分。这说明，磁层顶边界层与电离层之间存在密切的耦合效应。

5）地磁层尾瓣

在磁尾等离子体片与等离子体幔之间存在等离子体数密度稀疏且温度低的区域，称为尾瓣。等离子体的数密度和温度分别约为 $0.1\mathrm{cm}^{-3}$ 和 10^5K。赤道面北侧和南侧的尾瓣分别称为北瓣和南瓣。尾瓣是磁尾磁能的主要储存区域。磁场线呈开放形态，一侧（足点）伸向极盖区，另一侧通往太阳风。这种磁场线位形使极盖区呈现特殊的地球物理现象。磁盖区是围绕磁极的圆形区域（中心向夜侧稍有偏移），直径的纬度范围约为 300。太阳风的高能组分电子（约几百电子伏）易进入磁层并沿着尾瓣开磁场线向极盖运动，形成较低能量粒子在极盖区上空均布沉降的现象，称为极雨。在极盖区还易发生源于电离层的过热粒子（H+，O+ 和 H+ ）连续蒸发（沿开磁场线向地磁层输运）现象，称为极风。尾瓣区的开磁场线位形易使电离层外逸层形成。在尾瓣区有时可以观察到能量较高（约 1keV）的电子，其在极盖区上空沉降形成极光弧（朝向太阳分布），或者沿磁场线沉降过程中受到加速（能量达到 $1\sim10$keV）产生射线带状分立极光。太阳耀斑发生时，大量高能质子进入极盖区，导致电离层异常（D 层电子密度剧增），引起高频和甚高频被强烈吸收，称为极盖吸收事件。

4. 带电粒子辐射环境

在自然环境条件下，空间带电粒子辐射主要涉及地球辐射带、银河宇宙线、太阳宇宙线。前两种辐射源相对稳定，后一种辐射源变化十分剧烈。空间带电粒子具有宽能谱特点，不但能量变化大，而且粒子的能量与通量密切相关。

辐射带粒子围绕着地球构成中、低纬度环形带，主要由质子和电子构成，并且有少量的重离子 (如 O+ 等)。地球辐射带大体上分为高度不同的两个环形区域，分别称为内带和外带。内带在赤道上空从几百 km 延伸至约 6000km，主要由高能质子 (达几十兆电子伏) 与高能电子 (1~10MeV) 组成。外带的高度可以达到 60000km，主要由高能电子组成。对于低地球轨道，需要特别关注的是内辐射带会在南大西洋上空延伸至较低高度。该处的地磁场强度较低，形成南大西洋异常区。地球同步轨道的位置虽然处在外辐射带中心外，但是仍然会遭遇到很强的高能电子流。通常认为，内辐射带质子和电子来源于银河宇宙线作用于高层大气产生反照中子，并发生衰变；外辐射带是地磁场捕获太阳风等离子体，并经过随后加速形成的。辐射带粒子的运动状态受地磁场控制，内辐射带主要受地球内源磁场控制，相对稳定。太阳活动与大气密度变化时，可能引起内辐射带粒子通量出现一定程度的周期变化。相比之下，外辐射带易受磁尾大幅度变化的影响，经常出现短暂的剧烈变化。辐射带质子的通量在太阳低年时高于太阳高年，而电子的情况则相反，即电子的通量在太阳高年时较高。

　　银河宇宙线是源于太阳系外的质子与重核离子 (1MeV/n～10GeV/n，n 表示核子)。虽然电子也是银河宇宙线的成分，但是能量大于 100MeV 电子的强度至少比质子低 1 个数量级以上，因此通常予以忽略。在地磁层外，银河宇宙线粒子在各种能量下均呈各向同性。地磁层内则不然，地磁场导致许多能量较低粒子的路径偏转。这使倾角较低的低地球轨道上，仅能量足够高的银河宇宙线粒子才能作用到航天器。在极区，银河宇宙线粒子能够沿开放的磁场线进入，产生几乎定向的高通量束流与不同的粒子能量分布。同太阳高年相比，太阳低年时银河宇宙线粒子通量较大。这种现象在粒子能量较低时尤为明显。

　　太阳宇宙线是耀斑或日冕物质抛射时发射的高能质子与重离子流，尤以高能质子为主。太阳宇宙线的强度取决于太阳爆发事件的规模。每次耀斑或日冕物质抛射产生的太阳宇宙线的成分、通量、能谱都不完全相同，具有很大的随机性。通常，在 1MeV/n～10GeV/n 的能量范围内，太阳宇宙线强度要比银河宇宙线高几个数量级。太阳宇宙线粒子易沿地磁场线进入极区。只有能量足够高（>10MeV/n）的太阳宇宙线粒子能够克服地磁场屏蔽，进入低倾角的低地球轨道。由于地磁场屏蔽效应的影响，进入地磁层的太阳宇宙线粒子的能谱会发生很大的变化。

　　5. 太阳电磁辐射环境

　　太阳电磁辐射环境涉及很宽的频率范围，包括射电辐射 ($<10^9$Hz)、微波辐射、红外辐射 (10^{11}～10^{14}Hz)、可见光、紫外辐射 (10^{14}～10^{16}Hz)，以及极紫外与射线辐射 (10^{16}～10^{21}Hz)。来自太阳的射电辐射一般具有三种组分，分别是宁静太阳大气产生的背景辐射 (称为宁静太阳射电)、光学活动区上空的局部射电源产生的逐渐变化的辐射 (称为太阳缓慢射电)，以及太阳瞬态扰动产生的强度剧烈变化的射电辐射 (称为太阳射电爆发)。太阳射电爆发常产生于低色球层到外日冕的太阳大气中，其辐射强度比前两种情况高出许多。太阳射电爆发分五种类型。I 型射电爆发是持续时间不到几秒的脉冲型窄频带 (2～10MHz) 快速米波爆发,通常具

有 0~20MHz/s 的频率漂移速率。II 型太阳射电爆发是持续时间为 5~10min 的米波至 10 米波事件，其中约有 25% 与太阳耀斑共生，辐射强度可超过宁静太阳辐射的 100~1000 倍。一般认为，它是激波扰动日冕等离子体引起的等离子体辐射。III 型太阳射电爆发是高能电子束沿开放磁场线由低向高穿越日冕大气引起的等离子体辐射。其爆发的频率约为 10~100MHz，具有快速从高频向低频的频率漂移。IV 型射电爆发是一种同大耀斑共生的结构复杂的太阳射电辐射，可以在很宽的频带上长时间连续辐射。V 型射电爆发是在 III 型爆发之后发生的持续时间为 0.5~5min 的宽频带连续辐射，约有 10% 的 III 型爆发伴有 V 型连续辐射，发生在波长较长的米波上。太阳射电爆发的规模或频率尚难预测。

可见光 (350~700nm) 与红外辐射 (0.7~7μm) 占据太阳光谱的绝大部分。太阳光谱的辐照度在波长 450~700nm 出现峰值，并占据太阳常数的大部分。太阳常数是距离太阳 1AU 处地球大气层外太阳辐射能量通量，约为 $1370W/m^2$。除来自太阳的可见光与红外辐射，月球反照、大气辉光、地球红外辐射、极光等的影响也需要加以考虑。虽然它们的强度比太阳光弱得多，但是可能影响可见光或红外仪器的背底。这种影响在地球阴影区不容忽视。对于低地球轨道而言，地球红外反照对航天器的热平衡有重要的影响。

同上述可见光与红外辐射的情况不同，短波辐射在太阳光谱中所占的份额较小。波长为 0.01~10nm 的电磁辐射称为 X 射线；波长在 10~120nm 时称为极紫外辐射。X 射线能够引起电离层 E 区电离。极紫外辐射会导致电离层中 O_2、N_2 和 O 发生光致电离，并使热层大气加热。波长在约 120~350nm 的电磁辐射称为近紫外辐射，可在中大气层、平流层和对流层引起光致分解、吸收、散射等过程。波长在 175nm 以下的短波电磁辐射主要在低热层大气中被吸收，影响原子氧的产生及其在中层大气以上的垂直分布。波长在 175~240nm 的电磁辐射会引起 O_2 分解与在中大气层和平流层形成臭氧。太阳电磁辐射在 240~330nm 波长范围时，能够引起臭氧及平流层中的残余气体分解。太阳辐射通量在波长小于 100nm 时为 10^7~10^{10} 光子/$cm^2 \cdot s$，而在 100~1000nm 几乎呈指数增长至 10^{16} 光子/$cm^2 \cdot s$。太阳辐射通量不是固定的，会受到多种因素（如太阳周期）的影响随时发生变化。近紫外、极紫外、X 射线辐射不但影响大气与电离层的动力学过程，而且是各种高度轨道条件下影响航天器设计的重要环境因素。在太阳短波电磁辐射作用下，航天器表面材料会发生电离、光致降解、发射光电子等过程，从而影响航天器的在轨服役行为。

6. 固体粒子环境

近地空间存在两种固体粒子，即微流星体与轨道碎片。粒子的尺寸从微米级至几十米等，速度达到每秒几公里乃至几十公里，会对航天器构成严重威胁。

微流星体源于彗星和小行星。大多数微流星体的质量处于 $10 \sim 10^2$g，其中尤以质量为 $10^{-3} \sim 10$g 的微流星体粒子的危害程度最大。这样的粒子能够直接对航天器造成较严重的破坏，并且在地面上不易被发现。一旦进入大气层因摩擦发光时才能看见，要躲避为时已晚。微流星体粒子尺寸过小时，尽管其数量较多，却不足以造成一次性的严重破坏。微流星体的密度视其来源而不同，来源于彗星时密度较低（约 0.5g/cm^3），而来源于小行星时密度较高（约 3.5g/cm^3）。通常认为，在距太阳 1.5AU 范围内，微流星体通量主要由来自彗星的微流星体构成。来自小行星的微流星体集中于小行星带（约在 1.5~3.5AU），很少降落到地球。

航天器在近地空间轨道运行，会诱导形成围绕地球的空间碎片云带。在 2000km 高度内，微流星体多为一闪而过的"过客"。这使空间碎片对低地球轨道航天器的威胁要远大于天然的微流星体。大多数碎片粒子在高倾角的圆形轨道上飞行，平均速度约为 10km/s。空间碎片的来源包括废弃的航天器、火箭、航天器爆炸后的碎片，固体火箭发动机喷射出的金属氧化物等粒子，航天器表面剥落的漆片，以及各种航天活动的废弃物等。它们之间的相互碰撞会进一步形成数量更多的碎片。空间碎片环境随时间逐渐演化。据估计，直径 1cm 以下轨道碎片数量的年增长率为 2%~10%。空间碎片在航天器表面单位面积上的累积撞击次数与粒子直径、轨道高度、倾角，以及时间等因素有关。撞击速度由碎片速度、航天器速度、碎片撞击速度矢量和航天器速度矢量的夹角等因素决定。

3.2.3　空间大气模型

地球高层大气是指约 120km 以上，成分随高度明显变化的大气层，包括热层和外大气层。所谓热层是指约 120~700km(取决于太阳活动水平) 的地球大气。在约 120~200km 高度，大气温度随高度呈指数函数增加，并在 200km 以上逐渐趋于等温状态。太阳活动情况不同，热层顶的高度和温度会有较大的变化。随着高度增加，热层大气组分依次为氮气、氧气、原子氧。外层大气指热层顶以上的等温大气层，也是地球中性大气的最外层。低层主要是原子氧，向上依次为氦和原子氢。由于原子氢和氦的质量小且具有一定的动能，有时会逃逸到外空间，因此该层大气也称逃逸层。

1. 标准大气模式

美国标准大气 1976 是一种使用方便，得到国际承认与广泛使用的标准大气模式。标准大气是假定在中等太阳活动条件下，大气服从理想气体定律和流体静力学方程，通过建立一种设想的大气温度、压力、密度的垂直分布，表征高度 1000km 范围内中纬度大气在中等太阳活动条件下的年平均状态。地球标准大气模式中给出了标准大气的定义、数据来源、基本假设、计算公式,以及主要大气参数随高度变化的数据表。

2. MSIS 参考大气模式

参考大气模式与标准大气模式不同之处在于,前者考虑地球大气随纬度、季节、太阳活动变化的特征,能够较好地表述大气的运动状况。质谱计非相干散射 (mass spectrometer incoherent scatter, MSIS) 参考大气模式是基于多颗卫星上的质谱仪和地基非相干散射雷达探测数据建立的半经验模式。该系列模式的前几个版本重点是高层大气。其中,MSIS-86 版本已经被空间研究委员会作为国际参考大气模式。后来,MSIS 参考大气模式又扩展到中层和低层大气,形成 MSISE-90 版本,能够给出从地面到外大气层高度上大气温度、密度,以及主要大气组分的数密度分布。在 ESA 的空间环境标准 (ECSS-E-10-04A) 中,推荐选用 NRLMSISE-00 参考大气模式。该模式是在已有 MSIS 参考大气模式的基础上,进一步吸纳多种卫星、火箭、雷达有关大气温度、密度及组分浓度等观测数据,成为扩展的 MSIS 参考大气模式。该模式能够很好地表述地球大气成分、温度、总质量密度从地面至外层的空间分布。

3.2.4 地球辐射带模型

1. 地球质子辐射模型

1) 质子辐射带的一般表述

地球辐射带是地磁场俘获能量带电粒子的区域,又称范爱伦带。带电粒子进入地磁场后,围绕磁场线回旋、沿磁场线往复反冲、绕地球缓慢漂移。上述三种运动的结合,导致带电粒子的径迹位于以地磁偶极轴为中心的环形表面。这种带电粒子漂移所在的表面称为漂移壳层或磁壳层。带电粒子被长期束缚在磁壳层上漂移而不能离开,成为地磁场俘获的粒子。地球辐射带粒子的来源涉及侵入地磁层的太阳风粒子、上行的电离层粒子,以及宇宙线粒子作用于高层大气产生反照中子衰变形成的质子和电子等。

2) 辐射带质子通用模式

常用的地球辐射带质子模式是对辐射带质子通量静态分布的描述,可对太阳活动高年和低年计算给定能量和地磁坐标条件下质子的积分通量和微分通量。至今,国际上通用的辐射带质子模式是 NASA 的 Goddard 空间飞行中心 Vette 等建立的 AP-8 模式,简称为 AP-8(NASA) 模式。其依据的探测数据主要来自 20 世纪 60 年代和 70 年代早期的二十几颗卫星。该模式能够充分地覆盖地球辐射带质子区域,并有较宽的质子能量范围。尽管相当部分的数据是通过外推得到的,AP-8 模式仍是国际上用于工程问题的基本模式。

2. 空间电子辐射带模型

1）电子辐射带的一般表述

高能电子是地球辐射带的重要组成部分之一。地球辐射带电子又称俘获电子，其在地磁场中的基本运动行为与辐射带质子类似。辐射带电子的能量范围为40keV～7MeV。一般情况下，随着能量升高，辐射带电子的通量下降，呈现较宽的能谱特征。实际上，由于受到太阳活动周期、地磁场缓慢变化、地磁层扰动等影响，地球辐射带电子的状态会发生显著变化。外辐射带电子通量可能在几小时内发生数量级变化。这种变化与地磁活动水平密切相关，可以通过地磁指数表征。

2）辐射带电子通用模式

至今，国际上通用的地球辐射带电子模式是 AE-8 模式，能够给出辐射带电子通量的静态分布。通过该模式可对太阳活动高年和低年，计算给出不同能量和地磁坐标条件下辐射带电子的积分通量和微分通量。依据的探测数据主要来自 20 世纪 60 年代至 70 年代中期的二十几颗卫星，能够较好地覆盖地球辐射带的空间区域 ($L = 1.2\sim11R_E$)，并有较宽的电子能量范围 (40keV～7MeV)。地球电子辐射带涉及内带 (1.2<L<2.5)、过渡区 (2.5≤L<3.0)、外带 (3.0≤L<11) 三部分，难以通过统一的解析模式加以表述。AE-8 模式是在 AE-4、AE-5 和 AE-6 等模式版本的基础上，进一步结合 Azur、OV3-3、OV2-19、ATS-5、ATS-6 等卫星探测数据建立的。AE-8(NASA) 模式是迄今对地球电子辐射带在空间和能量范围上覆盖程度最广的模式。

3.2.5 地磁场模型

1. 地磁场基本特征

地球磁场在较低高度近似为磁偶极子，在较高高度受太阳风的作用严重变形。地磁场模式是建立辐射带与宇宙线粒子环境模式不可缺少的条件。地球辐射带粒子的分布常基于理想化的地磁偶极子空间位置描述。对于太阳能量质子与银河宇宙线环境而言，需要考虑磁场的磁屏蔽效应。地磁场模式也用于地磁层物理研究，如描述带电粒子通过磁层的迹线等。

地球磁场按起源分为内源场与外源场。前者主要源于地球内部的电流系，是地球磁场的主要部分 (主磁场)；后者源于地球附近的电流系，包括电离层电流、环电流、场向电流、磁层顶电流、磁尾电流。由于太阳风的作用，地磁场只局限于磁层顶以内的空间。地磁场的变化灵敏地反映近地空间环境的变化，成为近地空间环境状态的重要表征。地磁层是动态变化的体系，涉及等离子体、电场与磁场的扰动。这种扰动可通过在地面上观测 K_p、A_p 和 D_{st} 等地磁指数加以描述。通常，地球主磁场主要涉及准静态地磁场模式，外源场模式需要考虑地磁层扰动的影响。

2. 地磁场模型

1) 内磁场模型

国际地磁和高空物理协会 (International Association of Geomagnetism and Aeronomy, IAGA) 基于地磁台、野外测量、飞船、航天飞机、卫星的实测数据,建立了描述地球主磁场 (内源场) 的计算模式,称为国际参考地磁场 (international geomagnetic reference field, IGRF) 模式。IGRF 模式是一个统称,有不同的版本。五年为一个场期,对模式中的高斯系数 g_n^m 和 h_n^m 进行一次更换。此外,如果以前的 IGRF 使用新的数据修改,那么不可用,称为一个明确的地磁参考场 (definitive geomagnetic reference field, DGRF)。请注意,当提及这些型号时,IGRF 指的是所有可用型号。如果要使用特定型号,则参考必须是特定的,即 IGRF2000 或 DGRF1990,而不是简单的 IGRF 或 DGRF。IGRF 是描述地球主磁场及其长期变化的一系列数学模型。

2) 外磁场模型

地球外源磁场主要由地球附近的各种电流系产生,包括电离层电流、磁层顶电流、磁尾电流、环电流,以及进出电离层的场向电流产生的磁场。在离地球约 4 个地球半径 (R_E) 以上高度的空间,地球磁场已经大大偏离了偶极子磁场。在地磁层空间,随着高度增加,外源磁场 (或地磁层磁场) 的贡献逐渐占据主导地位。由于外源场变化复杂,很难用定量的磁场模式表述其瞬态变化。已建立的地球外源磁场模式多为给定磁层扰动条件下的平均模式,如 Tsyganenko 地磁场模型是基于多颗卫星在不同磁扰动水平条件下取得的实测数据建立的半经验模式,适用于相当大的地磁层空间 ($4 \sim 70 R_E$)。它包含各主要的磁层电流系对产生磁场的贡献,可以给出地磁层磁场在不同扰动条件下的平均分布,包括不同 K_p 指数条件下的平均地磁层磁场位形。该模式有不同的版本。Tsyganenko-87 版本提供适用于长期和短期的模式;Tsyganenko-89c 版本主要是对磁尾建立的模式;Tsyganenko-96 版本明确定义了磁层顶、大尺度场向电流、行星际磁场渗透地磁层边界等概念;Tsyganenko-01 版本揭示了不同行星际条件及地面扰动水平引起地磁层内部和边缘结构的变化;Tsyganenko-04 版本建立了与磁暴相联系的地球外源磁场动态模式。

3.2.6 空间碎片模型

空间碎片是指人为产生的绕地球轨道运行的废弃物体或物体碎片,也称轨道碎片。自 1957 年以来,人类航天活动已在低地球轨道产生可通过雷达探测跟踪的物体 (>10cm) 达 10000 个以上。在地球同步轨道可跟踪物体的尺寸约需大于 1m。在人为产生的空间物体中,90% 以上是已无用途的废弃物体。据估计,尺寸大于 1cm 的空间碎片数量在 500000~700000 量级,更小尺寸的碎片可能更多。微流星体和空间碎片对航天器撞击损伤取决于撞击粒子的尺寸、密度、速度及撞击方向，也与航天器的防护结构有关。亚毫米级以下的微小粒子撞击可在航天器材料和器件外表面产生陷坑，导致光学、电学、热学及密封等性能退化。较大尺寸的粒子能够击穿航天器的外表面，使舱体结构和设备破坏。常用的工程模型（式）主要有NASA-90 模型、轨道碎片工程模型（orbital debris engineering model，ORDEM）-2000 模型、MASTER 模型等。在 1990~1996 年，广泛应用 NASA-90 模型。该模型能够给出较简单的解析表达式，易于推广应用。它的主要缺点是，假设所有碎片均为球形，用于风险评估可能过于保守。目前，常用的模型主要有 NASA 的ORDEM-2000 模型和 ESA 的 MASTER-2005 模型，已成为空间碎片风险评估和防护设计时现行的通用工程模型。前者适用于尺寸大于 10μm 的粒子和 2000km以下轨道高度。后者适用于尺寸大于 0.1μm 的粒子及 36000km 以下的轨道高度。

1. NASA-90 模型

NASA-90 模型是 Kessler 等于 1989 年提出的，至今仍在初始风险评估中应用。该模型以 1988 年为基准年，通过探测数据拟合获得通量和速度分布曲线，代表当前的空间碎片环境，与预期未来变化的附加项相耦合获得模型的解析表达式。其涉及的主要计算内容如下。

（1）空间碎片通量计算。

（2）碎片平均形状和质量密度计算。

（3）碎片速度分布计算。

（4）模型应用的限制条件。

2. ORDEM 模型

ORDEM-96 模型是 1996 年以后，NASA 广泛应用的空间碎片环境工程模式。它能够对三种碎片源进行解析，包括发射源、爆炸源、碰撞源。依据的数据包括新近雷达探测数据，以及从空间回收表面上测试的撞击坑数据。空间碎片环境可以通过 6 个倾角不同的分布带描述。

3. MASTER 模型

微流星体和近地空间碎片环境参考模型也称 MASTER 模型，是 ESA 针对微流星体和空间碎片环境开发的工程模式。它是依据空间碎片密度和速度数据三维离散化建立的半定量模式，采用轨道演化理论和体积剖分方法计算空间碎片的密度和速度。通过发射项、爆炸项、碰撞项作为描述碎片数变化的三种来源，并跟踪它们的在轨演化过程。

3.3 空间环境仿真

3.3.1 仿真设置与功能

1. 基本设置

新建场景 (图 3-8) 时，设置仿真开始时间、仿真结束时间、仿真步长。这同时也是环境数据设置中的时间维度设置。

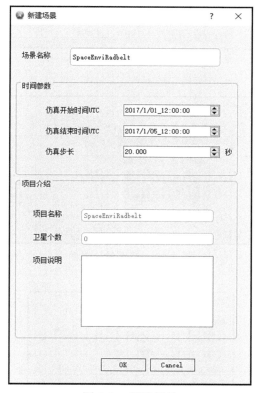

图 3-8 新建场景

此界面可选择已有的场景，并可修改场景基本参数，点击"打开场景"，加载场景中的内容，如图 3-9所示。

在界面中添加卫星，打开软件界面，如图 3-10所示。

点击"模型"，在模型菜单中选择"添加卫星"模型。设置环境仿真任务中要求的卫星轨道。根据任务需要添加多颗卫星，并赋予不同的仿真轨道。添加卫星和设置轨道如图 3-11所示。

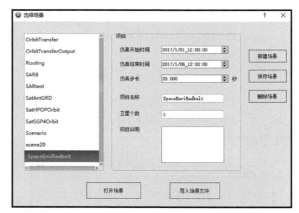

图 3-9 打开场景

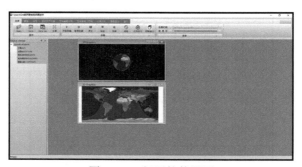

图 3-10 打开软件界面

图 3-11 添加卫星和设置轨道

2. 多星多轨多环境仿真设置

在"卫星设置"中的"模型显示参数"选项卡中,点击"显示辐射云图",即可在三维视图中显示卫星对应的空间环境轨迹云图(图 3-12)。

在空间环境模型中,选中"是否计算"即添加该模型计算,在"输出"中设置要输出环境的卫星(图 3-13)。

图 3-12　设置轨迹云图

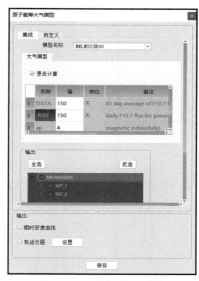

图 3-13　空间大气环境

选择"AE8/AP8-NASA 模型,选中"是否计算",即添加该模型计算空间辐射环境(图 3-14),勾选"max",设置好电子能级和质子能级,在"输出"中选择要输出环境数据的卫星。

点击"开始仿真",场景仿真开始,三维场景显示空间环境轨迹云图三维场景,如图 3-15所示。

点击"切换窗口",切换到二维 GIS 地图轨迹云图显示二维场景,如图 3-16所示。

可在输出文件中得到场景中所有卫星轨道空间环境的数值信息。输出文件如图 3-17所示。

在"窗口"中,点击"曲线窗口显示",点击均值计算选项卡,得到场景中各个卫星的空间辐射带均值能谱曲线(图 3-18)。在"设置"中选择想要显示的卫星和曲线显示属性。

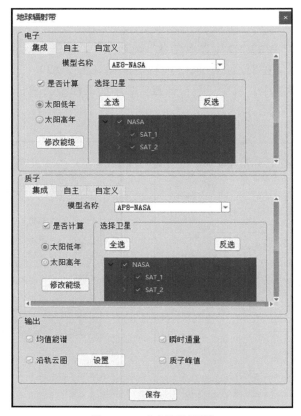

图 3-14　空间辐射环境

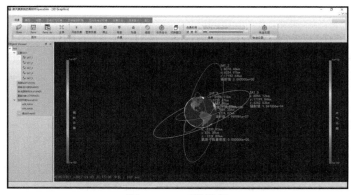

图 3-15　三维场景

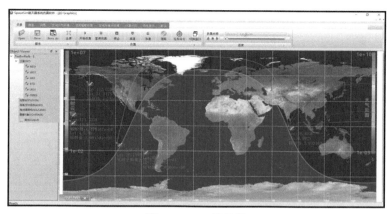

图 3-16   二维场景

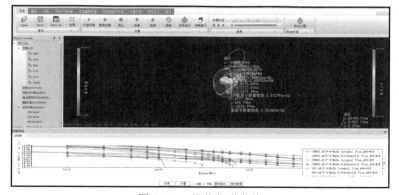

图 3-17   输出文件

图 3-18   均值能谱曲线

在"窗口"中，点击"空间曲线窗口显示"，在"瞬时通量"选项卡中，显示场景中所有卫星空间环境的瞬时通量曲线（图 3-19）。在"设置"中选择想要显示的卫星和曲线属性。

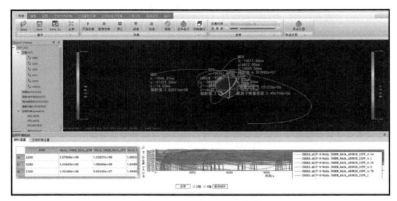

图 3-19　瞬时通量曲线

　　在"窗口"中，点击"空间曲线窗口显示"，在"空间环境注量"选项卡中，显示场景中所有卫星的空间环境的注量曲线（图 3-20）。在"设置"中选择想要显示的卫星和曲线显示属性。

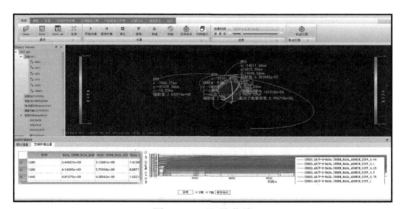

图 3-20　注量曲线

3. 空间环境功能展示

　　此示例可参考场景 DEMO_SpaceEnviAtom。

　　（1）在三维显示窗口中，下滑鼠标滚轮，在三维窗口中可以显示天区、天球，在三维显示窗口中，继续下滑鼠标滚轮，在三维窗口中可以显示标准的地形地貌、海洋环境。二维三维同时显示如图 3-21所示。

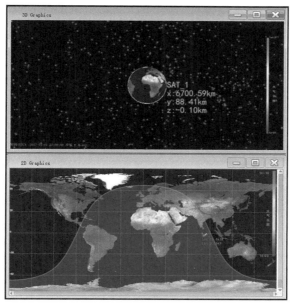

图 3-21 二维三维同时显示

（2）在三维显示窗口中，点击鼠标左键拖拽到日地月位置，在三维窗口中可以显示日地月时空环境信息，如图 3-22所示。此外，可以观察到场景中的月食现象（图 3-23），以及光照与光晕效果（图 3-24）。

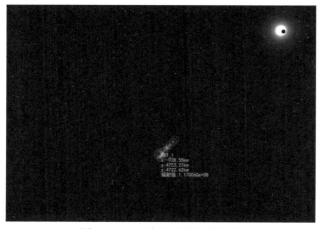

图 3-22 日地月时空环境信息

图 3-23　场景中月食现象

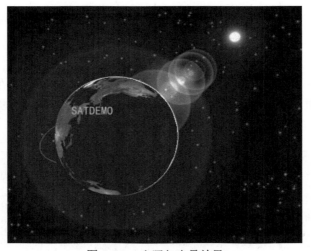

图 3-24　光照与光晕效果

3.3.2　空间环境模型选择

1. 近地空间辐射环境模型

1）地球磁场环境模型

地球磁场仿真模块可以仿真多种地球磁场模型（图 3-25）。

（1）Jensen_Cain_1960 模型：输出磁场的 B、L 值。

（2）GSFC_12/66 模型：输出磁场的 B、L 值。

（3）IGRF_13 模型：输出磁偏角、磁偏角长期变化率、磁倾角、磁倾角长期变化率、水平强度、水平强度长期变化率、北向强度、北向强度长期变化率、东向强度、东向强度长期变化率、垂直强度、垂直强度长期变化率、总强度、总强度长期变化率。

（4）IGRF_BL 模型：输出高斯磁偶极矩、B 值、B 北分量、B 东分量、B 垂直分量、磁倾角、磁偏角、L 值。

2）地球辐射带电子环境模型

如图 3-26所示，点击"空间辐射环境"，在"地球辐射带环境"中，选择"集成"。地球辐射带电子环境模型包括以下内容。

（1）AE8-NASA 模型：支持 MAX、MIN 选择，最多支持设置 25 个能级计算，支持输出积分通量和微分通量。

图 3-25　磁场模型

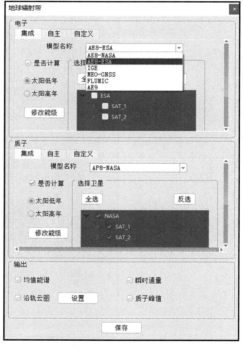

图 3-26　辐射带电子

（2）AE8-ESA 模型：支持 MAX、MIN 选择，最多支持设置 25 个能级计算，支持输出积分通量和微分通量。

（3）IGE-GEO 模型：支持设置"辐射年"和"任务期"，最多支持设置 25 个能级计算，支持输出 POLE-V1、POLE-V2、IGE-2006 的最低、平局、最高辐射通量输出。

（4）MEO-GNSS 模型：支持设置 "辐射年" 和 "任务期"，最多支持设置 25 个能级计算，支持输出 MEO-V1、MEO-V2 的最低、平局、最高辐射通量输出。

3）地球辐射带质子环境模型

如图 3-27所示，点击 "空间辐射环境"，在 "地球辐射带环境" 中选择 "集成"。地球辐射带质子环境模型包括以下内容。

（1）AP8-NASA 模型：支持 MAX、MIN 选择，最多支持设置 25 个能级计算，支持输出积分通量和微分通量。

（2）AP8-ESA 模型：支持 MAX、MIN 选择，最多支持设置 25 个能级计算，支持输出积分通量和微分通量。

图 3-27　辐射带质子

4）近地空间太阳宇宙线环境模型

如图 3-28所示，点击 "空间辐射环境"，在 "太阳宇宙线环境" 中选择 "集成"，使用 solpro 模型计算太阳宇宙线通量，设置 "地磁状况"，选择积分通量或者微分通量，设置轨道参数、在轨运行天数、置信概率，点击 "保存参数"，点击 "计算"，输出结果。

5）近地空间银河宇宙线环境模型

如图 3-29所示，点击"空间辐射环境"，在"银河宇宙线环境"中选择"集成"，使用 cosmicrays 模型计算银河宇宙线通量，设置"地磁状况"，选择积分通量或者微分通量，设置轨道参数、在轨运行天数、重核原子序数，点击"保存参数"，点击"计算"，输出结果。

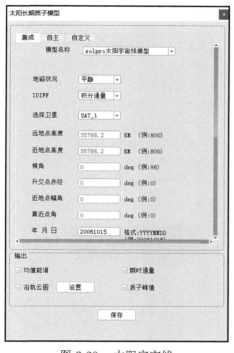
图 3-28　太阳宇宙线

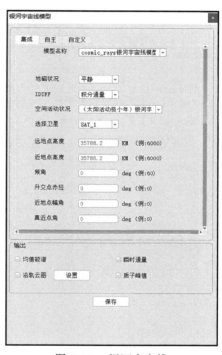
图 3-29　银河宇宙线

2. 近地空间大气环境模型

1）近地空间大气成分与温度环境模型

如图 3-30所示，点击"空间大气环境"，在空间大气环境中对近地空间大气成分与温度环境进行仿真，包括以下内容。

（1）NRLMSISE00 模型：设置"f107A"、"f107"、"ap"值，支持输出 He 数密度、O 数密度、N_2 数密度、O_2 数密度、Ar 数密度、总质量密度、H 数密度、N 数密度、异常氧数密度、外溢层温度、海拔温度。

（2）MSISE90 模型：设置"f107A"、"f107"、"ap"值，支持输出 He 数密度、O 数密度、N_2 数密度、O_2 数密度、Ar 数密度、总质量密度、H 数密度、N 数密度、外溢层温度、海拔温度。

（3）MSIS86 模型：设置 "f107A"、"f107"、"ap" 值，支持输出 He 数密度、O 数密度、N_2 数密度、O_2 数密度、Ar 数密度、总质量密度、H 数密度、N 数密度、外溢层温度、海拔温度。

2）近地空间风速模型

如图 3-31所示，点击 "空间大气环境"，点击 "水平风模式（HWM）"，设置 "f107A"、"f107"、"ap" 值，支持输出经向风速、纬向风速。

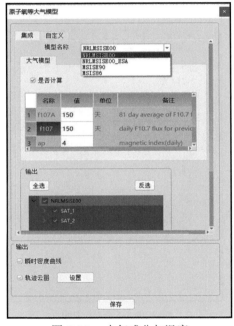
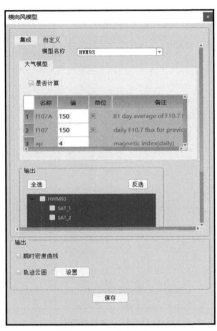

图 3-30　大气成分与温度　　　　　　　图 3-31　空间风速

3）近地空间紫外环境模型

如图 3-32所示，点击 "VUV 紫外模型"，设置日期、F7 日期、F7 值，输出紫外剂量谱。

3. 近地空间等离子体环境模型

在国际参考电离层环境仿真（图 3-33），点击 "空间等离子体环境"，点击 "国际参考电离层模型"，支持输出电子密度、中性温度、离子温度、电子温度、O+百分比、N+ 百分比、H+ 百分比、He+ 百分比、O2+ 百分比、NO+ 百分比。

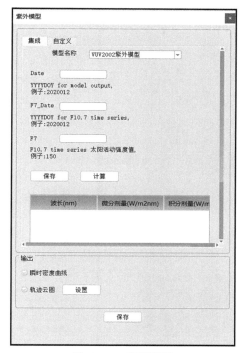

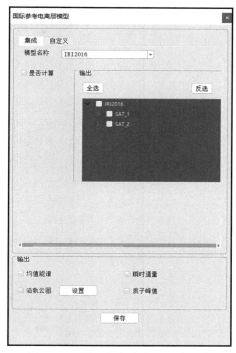

图 3-32　空间紫外　　　　　　　　图 3-33　国际参考电离层环境仿真

3.3.3　空间环境仿真实例

1. 空间环境太阳粒子辐射带分布仿真

该示例可参考场景 DEMO_Particle。

1）添加卫星

左侧场景树中右键点击"卫星 (SAT)"，选择"添加卫星"。

2）设置地球辐射带

点击工具栏，选择"空间辐射环境"，点击"地球辐射带"，设置如图 3-34所示。地球辐射带设置弹出，填写计算模型（默认 AE8-NASA），勾选是否计算，选择卫星，点击"全选"，以及是否选择质子计算，默认模型 AP8-NASA，如图 3-35所示。

图 3-34　空间辐射环境设置

图 3-35　设置地球辐射带

3）显示空间曲线

进行输出设置时，勾选"均值能谱"、"瞬时通量"等，并勾选"云图计算"。重启场景，能够观察到空间环境树下成功添加对应模型，点击"窗口"，点击"空间曲线窗口显示"，如图 3-36 所示。

图 3-36　空间曲线窗口显示

空间环境曲线窗口弹出，此时能够看到空间环境注量、瞬时通量等计算结果，如图 3-37 和图 3-38 所示。

4）仿真运行

点击"设置"，选择需要分析和显示的曲线名称，选择轨道云图效果设置（辐射云图或大气云图）。点击"开始仿真"，正常运行能在二维、三维界面上观察到卫星运行云图（图 3-39和图 3-40）。随着瞬时通量的不同，能够看到不同的颜色显示。

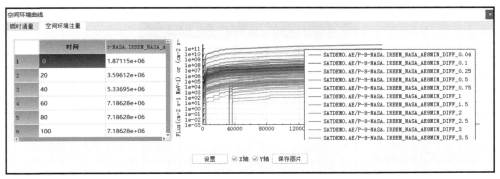

图 3-37　注量计算结果

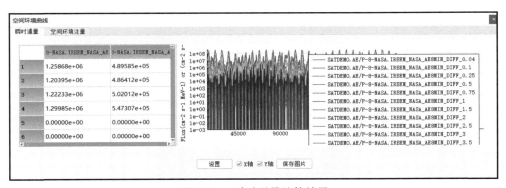

图 3-38　瞬时通量计算结果

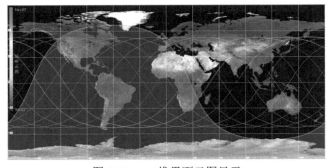

图 3-39　二维界面云图显示

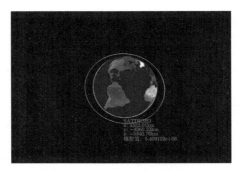

图 3-40　三维界面云图显示

2. 空间碎片仿真

该示例可参考场景 DEMO_2OrbitSpaceDebrisWarn。

1）下载空间碎片文件

从网络下载 tle 格式的空间碎片观测文件，如图 3-41所示。

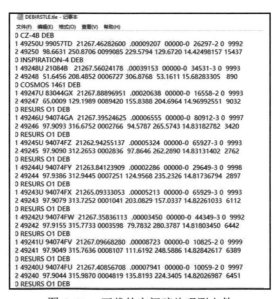

图 3-41　下载的空间碎片观测文件

2）导入空间碎片

打开软件，右键场景根目录，点击"文件批量导入卫星"，弹出批量添加窗口，如图 3-42所示。

图 3-42　批量添加窗口

点击"加载文件"，选择需要导入的 tle 数据文档，点击"批量添加"。在卫星根目录下，文件名称对应分组，正确添加各个 DEB 轨道分布，结果如图 3-43和图 3-44所示。

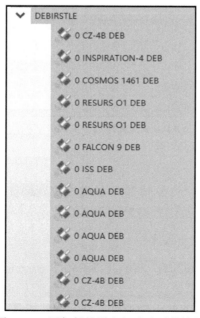

图 3-43　添加低轨道空间碎片后的结果

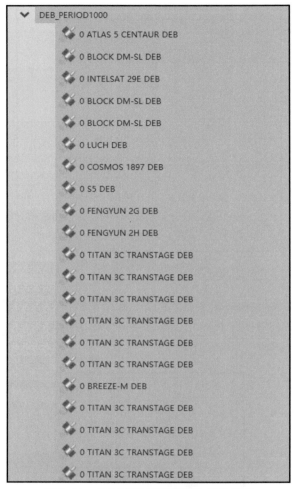

图 3-44　添加高轨道空间碎片后的结果

3）仿真运行

在场景菜单下，点击"开始仿真"，能够观测到编目空间碎片分布，包括低轨道和高轨道目标。空间碎片运行结果如图 3-45 所示。

3. 空间在轨航天器分布仿真

该示例可参考场景 DEMO_2OrbitTleSats。

1）下载文件及导入卫星

从网络下载 tle 格式的航天器观测文件，创建场景并导入卫星，步骤可参考空间碎片仿真。

图 3-45　空间碎片运行结果

2）仿真运行

在场景菜单下，点击"开始仿真"，能够观测到编目空间航天器分布，包括低轨道和高轨道目标。空间在轨航天器运行结果如图 3-46所示。

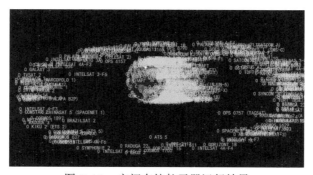

图 3-46　空间在轨航天器运行结果

4. 空间碎片碰撞警告能力仿真

该示例可参考场景 DEMO_Debris。

1）导入空间碎片

导入空间碎片可参考空间碎片仿真。

2）添加卫星

左侧场景树中右键点击"卫星 (SAT)"，选择"添加卫星"，添加一个需要预警的测试卫星。右键测试卫星，添加多模推力器，点选"启用碰撞分析"。

3）仿真运行

在场景菜单下，点击"开始仿真"，进行碰撞警告分析。待分析卫星轨道和空间碎片如图 3-47所示。

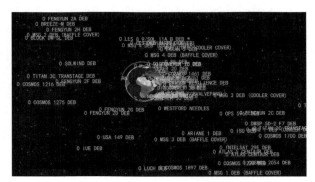

图 3-47　待分析卫星轨道和空间碎片

打开文件夹 SpaceSim\bin\Debug\Colltion_MineRange.txt，查看碰撞判断与危险目标筛选，输出选择的危险目标的空间碎片名称与距离。碰撞分析结果如图 3-48所示。

```
2459531.44189815  2021-11-12_22:36:20  0 DELTA 1 DEB (YO)  2228.680277130
2459531.44560185  2021-11-12_22:41:40  0 DELTA 1 DEB (YO)  3127.733215261
2459531.44930556  2021-11-12_22:47:0   0 FALCON 9 DEB  3884.31574358548
2459531.45300926  2021-11-12_22:52:20  0 SL-8 DEB  4406.51618219328
2459531.45671296  2021-11-12_22:57:40  0 CZ-4B DEB  3061.76633860507
2459531.46041667  2021-11-12_23:3:0    0 SL-8 DEB  3841.55944745128
2459531.46412037  2021-11-12_23:8:20   0 SL-8 DEB  3167.9764446187
2459531.46782407  2021-11-12_23:13:40  0 SL-8 DEB  2449.26431835047
2459531.47152778  2021-11-12_23:19:0   0 NOAA 17 DEB  2106.70815028349
2459531.47523148  2021-11-12_23:24:20  0 DISCOVERER 20 DEB  2033.8641827
2459531.47893518  2021-11-12_23:29:40  0 CZ-7 DEB  2698.51244374315
2459531.48263889  2021-11-12_23:35:0   0 CZ-7 DEB  2274.29743794576
2459531.48634259  2021-11-12_23:40:20  0 CZ-7 DEB  1890.35410261479
2459531.4900463   2021-11-12_23:45:40  0 CZ-7 DEB  1646.84032242824
2459531.49375     2021-11-12_23:51:0   0 CZ-7 DEB  1696.0269176087
```

图 3-48　碰撞分析结果

第四章　航天器轨道动力学与控制

4.1　卫星轨道动力学模型

在航天任务中，航天器轨道的预测非常重要，即根据给定的初始状态，通过数值或者解析的方法外推未来时刻航天器的状态[7]。SpaceSim 软件提供了多种轨道外推模型，下面简要介绍。

（1）理想轨道动力学模型：主要实现理想轨道参数下（忽略摄动影响）轨道相关状态的动力学计算，为运行轨道推演提供理论基础，用于简单轨道的计算与方案论证。

（2）SGP4 轨道动力学模型：主要依据 SGP4 轨道模型（较高精度），通过双行元进行轨道相关信息的计算与预报，轨道计算速度快，满足正常轨道动力学计算使用[8]。

（3）HPOP 模型：考虑多种复杂的摄动模型，建立卫星高精度轨道外推模型，用于更精密轨道计算的情况，但是轨道推演速度较慢。

4.1.1　理想轨道动力学模型

对于理想轨道模型，不考虑其他外界干扰力影响，给出卫星在时刻 t_0 的位置矢量和速度矢量，就可以求解出任意 $t \geq t_0$ 时刻卫星的位置矢量和速度矢量[9]。

已知轨道六根数半长轴为 a、偏心率为 e、轨道倾角为 i、升交点赤经为 Ω、近地点幅角为 ω、真近点角为 θ 和时间为 t_0，则轨道坐标系下，卫星的位置矢量 $\boldsymbol{R}_{es}$ 为

$$\boldsymbol{R}_{es} = \frac{a(1-e^2)}{1+e\cos\theta} \begin{bmatrix} \cos\theta \\ \sin\theta \\ 0 \end{bmatrix} \tag{4-1}$$

引入偏近点角 E，将 $\boldsymbol{R}_{es}$ 变换到 J2000 坐标系下，整理可得卫星的位置和速度，即

$$\boldsymbol{r} = a(\cos E - e)\boldsymbol{P} + a\sqrt{1-e^2}\sin E \cdot \boldsymbol{Q} \tag{4-2}$$

$$\boldsymbol{v} = \frac{\sqrt{a\mu}}{|\boldsymbol{r}|}(-\sin E \cdot \boldsymbol{P} + \sqrt{1-e^2}\cos E \cdot \boldsymbol{Q}) \tag{4-3}$$

其中

$$P = \begin{bmatrix} \cos \Omega \cos \omega - \sin \Omega \sin \omega \cos i \\ \sin \Omega \cos \omega + \cos \Omega \sin \omega \cos i \\ \sin \omega \sin i \end{bmatrix} \tag{4-4}$$

$$Q = \begin{bmatrix} -\cos \Omega \sin \omega - \sin \Omega \cos \omega \cos i \\ -\sin \Omega \sin \omega + \cos \Omega \cos \omega \cos i \\ \cos \omega \sin i \end{bmatrix} \tag{4-5}$$

4.1.2　SGP4 轨道动力学模型

SGP 系列模型是北美防空联合司令部（North American Aerospace Defense Command，NORAD）公布的轨道模型。它简化了卫星在轨道运行中遇到的复杂摄动项，只考虑大气摄动、四阶位势谐波、同步和半同步轨道的自旋共振，以及太阳和月球引力的影响，可以用于近地目标。

利用 SGP4 轨道模型，以双行元作为输入，可以计算卫星的位置和速度。

双行元是北美防空联合司令部发布的空间在轨飞行物轨道根数。它可以作为 SGP4 系列模型的输入量。典型的 SGP4 轨道双行元如表 4-1 所示。

表 4-1　典型的 SGP4 轨道双行元

第一行	25544U	98067A	04236.56031392	0.00020137	00000-0	16538-3	0	9993
第二行	25544	51.6335	344.7760 0007976	126.2523	325.9359	15.70406856	32890	6

第一行 25544 为目标编号，U 为保密级别；98067A 为国际标识符；04236.56031392 为数据历元时刻，04 为定轨年份，236.56031392 为天数；0.00020137 为轨道平动一阶导数；00000-0 为轨道平动二阶导数；16538-3 为阻力系数；0 为星历类型；999 为元素数目；3 为校验和。

第二行 25544 为目标编号；51.6335 为轨道倾角；344.7760 为升交点赤经；0007976 为省略掉小数点的轨道偏心率；126.2523 为近地点幅角；325.9359 为平近点角；15.70406856 为平均运动速率；32890 为发射以来飞行的圈数；6 为校验和。

由于双行元采用平均运动替换传统六根数中的半长轴，在计算定轨参数时，需要将平均运动重新转换回半长轴，从而确定初始轨道位置。转换过程如下。

首先，通过平均运动求出该平均运动对应的半长轴，即

$$a_1 = \left(\frac{\mu}{n_0^2} \right)^{1/3} \tag{4-6}$$

其中，μ 为地球重力常数；n_0 表示平均运动。

根据 J_2 摄动，考虑轨道倾角和偏心率的影响，相关参数计算公式为

$$\delta_1 = \frac{3k_2}{2a_1^2} \frac{(3\cos^2 i_0 - 1)}{(1 - e_0^2)^{3/2}} \tag{4-7}$$

$$a_0 = a_1 \left(1 - \frac{1}{3}\delta_1 - \delta_1^2 - \frac{134}{81}\delta_1^3 \right) \tag{4-8}$$

其中，$k_2 = 1/2 J_2 a_E^2$；i_0 和 e_0 为平轨道倾角与平偏心率。

在此基础上，再次改进半长轴的计算公式为

$$\delta_0 = \frac{3k_2}{2a_0^2} \frac{(3\cos^2 i_0 - 1)}{(1 - e_0^2)^{3/2}} \tag{4-9}$$

$$n_0{}' = \frac{n_0}{1 + \delta_0} \tag{4-10}$$

$$a_0{}' = \frac{a_0}{1 - \delta_0} \tag{4-11}$$

其中，$a_0{}'$ 和 $n_0{}'$ 为改进的半长轴和周期频率参数。

利用这些参数，可以进行 SGP4 轨道的初始化计算。

4.1.3 高精度轨道动力学模型

1. 摄动力分类

在航天器在运行过程中，除了地心引力，还受到许多其他外力，如大气阻力、太阳光压等。因此，要求解航天器轨道的解析解是非常困难的。HPOP 模型，考虑地球非球形引力项、太阳光压、大气阻力等，能够产生各种圆、椭圆、双曲线轨道，进而利用 HPOP 模型获得精确的轨道预报。

航天器在飞行过程中的空间环境力学模型如图 4-1 所示。

航天器的运动微分方程可写为

$$\frac{\mathrm{d}^2 \boldsymbol{r}}{\mathrm{d}t^2} = -\frac{\mu}{r^3}\boldsymbol{r} + \boldsymbol{f} \tag{4-12}$$

其中，$\boldsymbol{r}$ 为航天器到地心的矢径；等号右边第一项是理想球体引力项；$\boldsymbol{f}$ 为各种引力项。

要精确获得航天器轨道的预报，需要计算各种摄动项。计算高精度轨道外推，需要对各摄动力进行建模分析[10]。

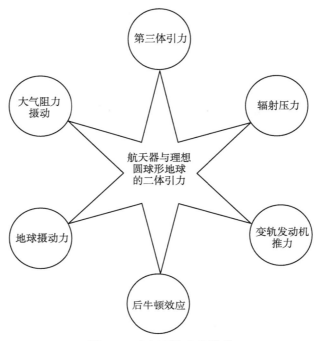

图 4-1 空间环境力学模型

在惯性系中，卫星的运动方程可表示为

$$\boldsymbol{a} = \boldsymbol{f}_{\text{gravity}} + \boldsymbol{f}_{\text{sun\_gravity}} + \boldsymbol{f}_{\text{moon\_gravity}} + \boldsymbol{f}_{\text{drag}} + \boldsymbol{f}_{\text{srp}} \qquad (4\text{-}13)$$

其中，$\boldsymbol{a}$ 为卫星加速度；等式右边为作用于卫星单位质量上的力；$\boldsymbol{f}_{\text{gravity}}$ 为地球引力；$\boldsymbol{f}_{\text{sun\_gravity}}$ 和 $\boldsymbol{f}_{\text{moon\_gravity}}$ 为太阳和月球的引力；$\boldsymbol{f}_{\text{drag}}$ 为大气阻力；$\boldsymbol{f}_{\text{srp}}$ 为太阳辐射压力。

卫星在运行过程中除受到天体引力的影响，还受到大气阻力、太阳光压等非保守力的影响，目前对非保守力的模型并不完备。下面对以上各种摄动力的数学模型进行介绍。

2. 地球引力模型

地球总质量集中在地球球心，地球中心引力式常表示为

$$\boldsymbol{a}_G = -\frac{GM_E}{r^3}\boldsymbol{r} \qquad (4\text{-}14)$$

其中，$\boldsymbol{a}_G$ 表示地球中心引力加速度；G 为引力常数；M_E 为地球的质量；r 为卫星到地心的距离；$\boldsymbol{r}$ 为卫星的位置矢量。

可以用一个包含引力势 U 的梯度等价描述引力加速度，即

$$\boldsymbol{a}_G = \nabla U \tag{4-15}$$

地球中心引力势为

$$U = GM_E \frac{1}{r} \tag{4-16}$$

更准确的引力势可以表示为

$$U = G \iiint \frac{\rho(s)\,\mathrm{d}^3 s}{|r - s|} \tag{4-17}$$

其中，$\rho(s)$ 为地球内某点的密度；$|r - s|$ 为卫星到这一点的距离。

通过对各个质元 $\mathrm{d}m = \rho(s)\,\mathrm{d}^3 s$ 的贡献进行求和，引力势表达式可以很容易地扩展应用于任意质量分布的情况。

对距离的导数进行勒让德多项式展开。当 $r > s$ 时，球外的所有点均有

$$\frac{1}{|r - s|} = \frac{1}{r} \sum_{n=0}^{\infty} \left(\frac{s}{r}\right)^n P_n(\cos\gamma) \tag{4-18}$$

其中，$P_n(u)$ 为 n 阶勒让德多项式；γ 为 $\boldsymbol{r}$ 和 $\boldsymbol{s}$ 之间的夹角，即

$$\cos\gamma = \frac{\boldsymbol{r} \cdot \boldsymbol{s}}{rs} \tag{4-19}$$

$$P_n(u) = \frac{1}{2^n n!} \frac{\mathrm{d}^n}{\mathrm{d}u^n} \left(u^2 - 1\right)^n \tag{4-20}$$

根据式 (4-21)，引入点 $\boldsymbol{r}$ 的经度 λ 和地心纬度 Φ，即

$$\begin{cases} x = r\cos\Phi\cos\lambda \\ y = r\cos\Phi\sin\lambda \\ z = r\sin\Phi \end{cases} \tag{4-21}$$

根据勒让德多项式的加法定理，可得

$$P_n(\cos\gamma) = \sum_{m=0}^{n} (2 - \delta_{0m}) \frac{(n-m)!}{(n+m)!} P_{nm}(\sin\Phi) P_{nm}(\sin\Phi') \cos(m(\lambda - \lambda')) \tag{4-22}$$

其中

$$\delta_{0m} = \begin{cases} 1, & m = 0 \\ 0, & m \neq 0 \end{cases} \tag{4-23}$$

P_{nm} 为 n 阶 m 次缔合勒让德多项式,定义为

$$P_{nm}(u) = \left(1 - u^2\right)^{m/2} \frac{\mathrm{d}^m}{\mathrm{d}u^m} P_n(u) \tag{4-24}$$

因此,地球引力势的公式为

$$U = \frac{GM_E}{r} \sum_{n=0}^{\infty} \sum_{m=0}^{n} \frac{R_E^n}{r^n} P_{nm}(\sin\Phi)\left(C_{nm}\cos(m\lambda) + S_{nm}\sin(m\lambda)\right) \tag{4-25}$$

其中,R_E 为地球赤道半径;C_{nm} 和 S_{nm} 为引力势系数,即

$$\begin{cases} C_{nm} = \dfrac{2 - \delta_{0m}}{M_E} \dfrac{(n-m)!}{(n+m)!} \iiint \dfrac{s^n}{R_E^n} P_{nm}(\sin\Phi')\cos(m\lambda')\,\rho(s)\,\mathrm{d}^3 s \\[3mm] S_{nm} = \dfrac{2 - \delta_{0m}}{M_E} \dfrac{(n-m)!}{(n+m)!} \iiint \dfrac{s^n}{R_E^n} P_{nm}(\sin\Phi')\sin(m\lambda')\,\rho(s)\,\mathrm{d}^3 s \end{cases} \tag{4-26}$$

引力势系数分为带协项、扇协项、田协项。值得注意的是,即便对于一个阶数很小的引力场模型,引力势系数 C_{nm} 和 S_{nm} 的变化范围也会达到 10 或更多的量级。所谓的引力场模型就是给出一组引力势系数。为了简便,引力场模型给出的通常是在数量级上更为一致的归一化系数 $\bar{C}_{nm}$ 和 $\bar{S}_{nm}$。它们和未归一化系数的关系为

$$\begin{bmatrix} \bar{C}_{nm} \\ \bar{S}_{nm} \end{bmatrix} = \sqrt{\frac{(n+m)!}{(2 - \delta_{0m})(2n+1)(n-m)!}} \begin{bmatrix} C_{nm} \\ S_{nm} \end{bmatrix} \tag{4-27}$$

在引力场模型的具体应用中,通常用几个递推关系来求勒让德多项式,从而计算给定点的地球引力势,得到此点所受的引力加速度。

引入卫星的笛卡儿坐标和两个辅助量 V_{nm}、W_{nm},其定义为

$$\begin{cases} V_{nm} = \left(\dfrac{R_E}{r}\right)^{n+1} P_{nm}(\sin\Phi)\cos(m\lambda) \\[3mm] W_{nm} = \left(\dfrac{R_E}{r}\right)^{n+1} P_{nm}(\sin\Phi)\sin(m\lambda) \end{cases} \tag{4-28}$$

此时,地球引力势可写为

$$U = \frac{GM_E}{R_E} \sum_{n=0}^{\infty} \sum_{m=0}^{n} \left(C_{nm}V_{nm} + S_{nm}W_{nm}\right) \tag{4-29}$$

根据勒让德多项式的性质和三角函数关系可以得出 V_{nm} 和 W_{nm} 满足的递推关系，即

$$\begin{cases} V_{mm} = (2m-1)\left(\dfrac{xR_E}{r^2}V_{m-1,m-1} - \dfrac{yR_E}{r^2}W_{m-1,m-1}\right) \\[3mm] W_{mm} = (2m-1)\left(\dfrac{xR_E}{r^2}W_{m-1,m-1} - \dfrac{yR_E}{r^2}V_{m-1,m-1}\right) \end{cases} \tag{4-30}$$

$$\begin{cases} V_{nm} = \left(\dfrac{2n-1}{n-m}\right)\dfrac{zR_E}{r^2}V_{n-1,m-1} - \left(\dfrac{n+m+1}{n-m}\right)\dfrac{R_E^2}{r^2}V_{n-2,m} \\[3mm] W_{nm} = \left(\dfrac{2n-1}{n-m}\right)\dfrac{zR_E}{r^2}W_{n-1,m-1} - \left(\dfrac{n+m+1}{n-m}\right)\dfrac{R_E^2}{r^2}W_{n-2,m} \end{cases} \tag{4-31}$$

并且有

$$\begin{cases} V_{00} = \dfrac{R_E}{r} \\[3mm] W_{00} = 0 \end{cases} \tag{4-32}$$

因此，只要给定引力势系数和阶数次数，就可以根据递推关系计算所有的 V_{nm} 和 W_{nm}。由于引力加速度是引力势的梯度，加速度可以直接由 V_{nm} 和 W_{nm} 计算得出，即

$$\begin{cases} a_x = \displaystyle\sum_{nm} ax_{nm} \\[3mm] a_y = \displaystyle\sum_{nm} ay_{nm} \\[3mm] a_z = \displaystyle\sum_{nm} az_{nm} \end{cases} \tag{4-33}$$

$$az_{nm} = \frac{GM_E}{R_E^2}(n-m+1)\left(-C_{nm}V_{n+1,m} - S_{n,m}W_{n+1,m}\right)$$

3. 日月引力模型

由于日月引力远小于地球中心引力，因此简化求解。常用于描述太阳相对于地球运动的平近点角的公式为

$$M = 2\pi\text{Frac}(0.9931267 + 99.9973583T) \tag{4-34}$$

其中，Frac 为去整函数，可以保证 M 处在 $0\sim2\pi$；T 为自 J2000 历元开始的儒略世纪数；T 的计算公式为

$$T = (\text{JD} - 2451545.0)/36525.0 \tag{4-35}$$

其中，JD 为所求时刻的儒略日时间。

太阳的黄经 λ_{sun} 和 r_{sun} 距离的计算公式为

$$\begin{cases} \lambda_{\text{sun}} = 2\pi\text{Frac}\left[0.7859444 + \dfrac{M}{2\pi} + (6892\sin M + 72\sin(2M))/1296000\right] \\ r_{\text{sun}} = 10^9(149.619 - 2.499\cos M - 0.021\cos(2M)) \end{cases}$$
(4-36)

由于黄道平面和赤道平面存在夹角 ε，通过合适的旋转可以得到 J2000 坐标系下太阳的位置，即

$$\boldsymbol{r}_{\text{sun}} = \boldsymbol{R}_x\left(-\varepsilon\right)\begin{bmatrix} r_{\text{sun}}\cos\lambda_{\text{sun}} \\ r_{\text{sun}}\sin\lambda_{\text{sun}} \\ 0 \end{bmatrix}$$
(4-37)

其中，$\boldsymbol{R}_x$ 为描述绕 X 轴的旋转矩阵。

对于月球的运动，地球和太阳的引力是其主要作用力，常常需要引入更多的项将月球运动描述成月球对太阳轨道平均幅角的形式。月球的轨道摄动计算基于 5 个基础角，分别为月球平黄经 L_0、月球平近点角 l、太阳平近点角 l'、月球平升交距角 F、太阳平黄经和月球平黄经之差 D。这 5 个角的计算公式分别为

$$\begin{cases} L_0 = 2\pi\text{Frac}\,(0.606433 + 1336.851344T) \\ l = 2\pi\text{Frac}\,(0.374897 + 1325.552410T) \\ l' = 2\pi\text{Frac}\,(0.993133 + 99.997361T) \\ F = 2\pi\text{Frac}\,(0.259086 + 1342.227825T) \\ D = 2\pi\text{Frac}\,(0.827361 + 1236.853086T) \end{cases}$$
(4-38)

利用这些值，可以给出相对于 2000 年黄道和春分点的月球黄经 λ_{moon}、月球纬度 β_{moon} 和月球地心距 r_{moon}。

同样，通过旋转 X 轴可以得到月球在 J2000 坐标系的位置矢量，即

$$\boldsymbol{r}_{\text{moon}} = \boldsymbol{R}_x(-\varepsilon)\begin{bmatrix} r_{\text{moon}}\ \cos\lambda_{\text{moon}}\ \cos\beta_{\text{moon}} \\ r_{\text{moon}}\ \sin\lambda_{\text{moon}}\ \cos\beta_{\text{moon}} \\ r_{\text{moon}}\ \sin\beta_{\text{moon}} \end{bmatrix}$$
(4-39)

根据牛顿万有引力定律，点质量引起的卫星加速度为

$$\boldsymbol{a}_1 = GM_J\frac{\boldsymbol{s} - \boldsymbol{r}}{|\boldsymbol{s} - \boldsymbol{r}|^3}$$
(4-40)

其中，$\boldsymbol{s}$ 和 $\boldsymbol{r}$ 分别为卫星和点质量的地心位置；M_J 为第三体质量。

地球所受点质量的加速度为

$$\boldsymbol{a}_2 = GM_J \frac{\boldsymbol{r}}{|\boldsymbol{r}|^3} \tag{4-41}$$

两个加速度相减可得卫星在地心坐标系中所受的加速度，即

$$\boldsymbol{a}_N = GM_J \left(\frac{\boldsymbol{s} - \boldsymbol{r}}{|\boldsymbol{s} - \boldsymbol{r}|^3} - \frac{\boldsymbol{r}}{|\boldsymbol{r}|^3} \right) \tag{4-42}$$

4. 大气阻力模型

Jacchia 1971 密度模型覆盖从 90~2500km 的高度，是卫星预报领域最常应用的模型之一。

大气阻力的方向与卫星相对于气流运动速度的方向相反，因此会降低卫星的运动速度，大气阻力产生的卫星加速度可以写为

$$\boldsymbol{a}_D = -\frac{1}{2} C_D \frac{A}{m} \rho v_r^2 \boldsymbol{e}_v \tag{4-43}$$

其中，C_D 为阻尼系数；A 为受力面积；m 为卫星质量；ρ 为大气密度；v_r 为相对速度的大小；$\boldsymbol{e}_v$ 为 $\boldsymbol{v}_r$ 的单位矢量，描述阻力加速度的方向。

由此可知，计算阻力加速度的关键在于计算相对速度的大小 v_r 和大气密度 ρ。

假设大气与地球一起旋转，相对速度可以近似写为

$$\boldsymbol{v}_r = \boldsymbol{v} - \boldsymbol{\omega}_0 \times \boldsymbol{r} \tag{4-44}$$

其中，$\boldsymbol{v}$ 和 $\boldsymbol{r}$ 分别为真赤道真春分点坐标系下卫星的速度和位置；$\boldsymbol{\omega}_0$ 为地球角速度矢量，即

$$\boldsymbol{\omega}_0 = \left[0 \ 0 \ 7.29212 \times 10^{-5} \right] \text{rad/s} \tag{4-45}$$

采用 Jacchia 1971 模型计算大气密度可以由以下步骤实现。

1）计算外大气层温度

在 Jacchia71 模型中，无太阳辐射或地磁活动时全球外大气层最低温度假定为 379.0℃。

考虑太阳辐射效应，外大气层温度为

$$T_c = 379 + 3.24 \times \bar{F}_{10.7} + 1.3 \times \left(F_{10.7} - \bar{F}_{10.7} \right) \tag{4-46}$$

其中，$F_{10.7}$ 为当前 10.7cm 波长的太阳辐射流量；$\bar{F}_{10.7}$ 为波长的平均太阳辐射流量；T_c 的单位为 ℃。

当前外大气层温度取决于相对卫星的太阳地方时角、太阳赤纬 δ_{sun} 和卫星地理纬度，考虑周日变化的当前外大气层温度 T_1 为

$$T_1 = T_c \left\{ 1 + 0.3 \left[\sin^{2.2} |\theta| + \left(\cos^{2.2} |\eta| - \sin^{2.2} |\theta| \right) \cos^{3.0} \left(\frac{\tau}{2} \right) \right] \right\} \tag{4-47}$$

其中，辅助角 τ、θ 和 η 的计算公式为

$$\begin{cases} \tau = H - 37.0° + 6.0° \sin (H + 43.0°) \\ \theta = \dfrac{1}{2} (\varphi + \delta_{\text{sun}}) \\ \eta = \dfrac{1}{2} (\varphi - \delta_{\text{sun}}) \end{cases} \tag{4-48}$$

另外，地方时角 H 为

$$H = \alpha_{\text{Sat}} - \alpha_{\text{sun}} \tag{4-49}$$

其中，α_{Sat} 和 α_{sun} 分别为卫星和太阳的赤经。

地磁活动引起的外大气层温度变化为

$$\begin{cases} \Delta T_\infty^H = 28.0°\text{C} \times K_p + 0.03°\text{C} \times e^{K_p}, & Z > 350\text{km} \\ \Delta T_\infty^L = 14.0°\text{C} \times K_p + 0.02°\text{C} \times e^{K_p}, & Z < 350\text{km} \end{cases} \tag{4-50}$$

其中，ΔT_∞^H 和 ΔT_∞^L 用于描述高度大于 350km 和小于 350km 的情况；K_p 为地磁指数。

为使 350km 高度处的温度修正连续，Jacchia 引入一个过渡函数，即

$$f = \frac{1}{2}[\tanh(0.04 (Z - 350)) + 1] \tag{4-51}$$

地磁活动导致的温度修正为

$$\Delta T_\infty = f\Delta_\infty^H + (1 - f) \Delta T_\infty^L \tag{4-52}$$

则包括太阳辐射和地磁活动项的外大气层温度（转换为绝对温度，单位为 K）为

$$T_\infty = T_1 + \Delta T_\infty + 273.15 \tag{4-53}$$

2）计算标准密度

大气的标准密度 ρ 可以表示为高度和外大气层温度的多项式，即

$$\lg \rho (Z\, T_\infty) = \sum_{i=0}^{5} \sum_{j=0}^{4} c_{ij} Z^i T_\infty^j \tag{4-54}$$

其中，高度 Z 的单位为 km；外大气层温度 T_∞ 的单位为 K；c_{ij} 为 240 个系数，适合 90~2500km 的高度范围，以及 500~1900K 的温度范围，系数的具体值可查阅相关文献。

3）密度修正

在 350km 以下高度，加入地磁指数项为

$$\Delta \lg \rho_{\mathrm{GM}} = \left(0.012K_p + 1.2 \times 10^{-5}e^{K_p}\right)(1-f) \tag{4-55}$$

半年密度修正为

$$\Delta \lg \rho_{\mathrm{SA}} = f(Z)\,g(t) \tag{4-56}$$

其中，$g(t)$ 为时间变化，是时间的单一函数；$f(Z)$ 为密度在给定高度的变化幅度，是高度的单一函数，定义为

$$\begin{cases} f(Z) = \left(5.876 \times 10^{-7}Z^{2.331} + 0.06328\right)\mathrm{e}^{-0.002868Z} \\ g(t) = 0.02835 + \left[0.3817 + 0.17829\sin\left(2\pi\tau_{\mathrm{SA}} + 4.137\right)\right]\sin\left(4\pi\tau_{\mathrm{SA}} + 4.295\right) \end{cases} \tag{4-57}$$

其中，τ_{SA} 为与时间相关的参数，即

$$\tau_{\mathrm{SA}} = \frac{t - 36204}{365.2422} + 0.09544\left\{\left[\frac{1}{2} + \frac{1}{2}\sin\left(2\pi\frac{t-36204}{365.2422} + 6.035\right)\right]^{1.65} - \frac{1}{2}\right\} \tag{4-58}$$

其中，t 为用简略儒略日（$\mathrm{MJD} = \mathrm{JD} - 2400000.5$）表示的时间。

底层大气（小于 110km）的季节纬度变化为

$$\Delta \lg \rho_{\mathrm{SL}} = 0.014\,(Z - 90)\,\mathrm{e}^{-0.0013(Z-90)}\sin\left(2\pi\frac{t-36204}{365.2422} + 1.72\right)\frac{\sin^3\varphi}{|\sin\varphi|} \tag{4-59}$$

氦数密度 n_{He} 季节纬度修正项为

$$\Delta \lg n_{\mathrm{He}} = 0.65\left|\frac{\delta_{\mathrm{SUN}}}{\varepsilon}\right|\left[\sin\left(\frac{\pi}{4} - \frac{\varphi}{2}\frac{\delta_{\mathrm{SUN}}}{|\delta_{\mathrm{SUN}}|}\right) - 0.35355\right] \tag{4-60}$$

其中，δ_{SUN} 为黄赤交角。

氦密度修正项为

$$\Delta \rho_{\mathrm{He}} = 10^{\lg n_{\mathrm{He}}}\frac{m_{\mathrm{He}}}{A_\nu}\left(10^{\Delta \lg n_{\mathrm{He}}} - 1\right) \tag{4-61}$$

其中，氦分子量 $m_{\text{He}} = 4.0026$；阿伏伽德罗常数 $A_\nu = 6.022 \times 10^{23}$；$\lg n_{\text{He}}$ 为氦数密度，可由式 (4-62) 计算得到，即

$$\lg n_{\text{He}}(Z\,T_\infty) = \sum_{i=0}^{5} \sum_{j=0}^{4} h_{ij} z^i T_\infty^j \tag{4-62}$$

其中，h_{ij} 为 90 个多项式系数。

加入各种密度修正项，最后的大气密度 ρ 为

$$\rho = 10^{(\lg \rho + \Delta \lg \rho_{\text{GM}} + \Delta \lg \rho_{\text{SA}} + \Delta \lg \rho_{\text{SL}})} + \Delta \rho_{\text{He}} \tag{4-63}$$

5. 太阳光压模型

太阳光压产生的加速度可由式 (4-64) 计算得到，即

$$\boldsymbol{a}_s = P_0 C_R \frac{A}{m} AU^2 \frac{\boldsymbol{r} - \boldsymbol{r}_{\text{SUN}}}{|\boldsymbol{r} - \boldsymbol{r}_{\text{SUN}}|^3} \tag{4-64}$$

其中，A 为卫星光压表面积；m 为卫星质量；C_R 为光压系数；$\boldsymbol{r}$ 和 $\boldsymbol{r}_{\text{SUN}}$ 为卫星和太阳的位置矢量。

令 AU 为天文单位距离，P_0 为 AU 处的太阳辐射压，两者的计算公式为

$$\begin{cases} AU = 149597870691m \\ P_0 = 4.560 \times 10^{-6} \dfrac{N}{m^2} \end{cases} \tag{4-65}$$

卫星位置矢量在太阳位置方向和法向上的投影大小为

$$\begin{cases} d_1 = \boldsymbol{r} \cdot \boldsymbol{e}_{\text{SUN}}^{\text{T}} \\ d_2 = |\boldsymbol{r} - d_1 \boldsymbol{e}_{\text{SUN}}| \end{cases} \tag{4-66}$$

其中，$\boldsymbol{e}_{\text{SUN}}$ 为太阳位置的单位矢量。

将照射于地球的太阳光近似看作平行，则卫星处于太阳光照的条件为 $d_1 > 0$ 或 $d_2 > R_E$。

4.2　轨道计算

4.2.1　轨道根数与运动参数互算

1. 由位置和速度矢量计算轨道根数

已知某时刻 t 的位置矢量 $\boldsymbol{r}$ 和速度矢量 $\dot{\boldsymbol{r}}$，计算轨道根数的步骤如下。

由

$$\boldsymbol{h} = \boldsymbol{r} \times \dot{\boldsymbol{r}} = \left[\begin{array}{c} h_X \\ h_Y \\ h_Z \end{array} \right] \tag{4-67}$$

其中，$|\boldsymbol{h}| = \sqrt{h_X^2 + h_Y^2 + h_Z^2}$。

分别计算 i 和 Ω，即

$$\left\{ \begin{array}{l} \cos i = \dfrac{h_Z}{h} \\ \tan \Omega = -\dfrac{h_X}{h_Y} \end{array} \right. \tag{4-68}$$

而

$$\boldsymbol{e} = \frac{1}{\mu} \left(\dot{\boldsymbol{r}} \times \boldsymbol{h} \right) - \frac{\boldsymbol{r}}{r} = \left[\begin{array}{c} e_X \\ e_Y \\ e_Z \end{array} \right] \tag{4-69}$$

$$e = |\boldsymbol{e}| = \sqrt{e_X^2 + e_Y^2 + e_Z^2} \tag{4-70}$$

计算 ω，即

$$\tan \omega = \frac{e_Z}{(e_Y \sin \Omega + e_X \cos \Omega) \sin i} \tag{4-71}$$

计算 a，即

$$a = \frac{h^2}{\mu (1 - e^2)} \tag{4-72}$$

类似可得

$$\tan u = \frac{Z}{(Y \sin \Omega + X \cos \Omega) \sin i} \tag{4-73}$$

因此

$$\theta = u - \omega \tag{4-74}$$

计算 τ，由 $\tan \dfrac{E}{2} = \sqrt{\dfrac{1-e}{1+e}} \tan \dfrac{\theta}{2}$ 可得

$$n(t - \tau) = E - e \sin E \tag{4-75}$$

2. 由轨道根数计算位置和速度矢量

若已知任何 t 时刻天体的 r 和 θ，在轨道坐标系 O-$x''y''z''$ 中有

$$\left[\begin{array}{c} x'' \\ y'' \\ z'' \end{array} \right] = \left[\begin{array}{c} r \cos \theta \\ r \sin \theta \\ 0 \end{array} \right] \tag{4-76}$$

根据惯性坐标系与该坐标系的转换关系可得位置矢量的表达式，即

$$\boldsymbol{r} = \begin{bmatrix} X \\ Y \\ Z \end{bmatrix} = \boldsymbol{R}_3\left(-\varOmega\right)\boldsymbol{R}_1\left(-i\right)\boldsymbol{R}_3\left(-\omega\right)\begin{bmatrix} r\cos f \\ r\sin f \\ 0 \end{bmatrix} \tag{4-77}$$

将旋转矩阵展开可得

$$\boldsymbol{r} = r\cos\theta \cdot \boldsymbol{P} + r\sin\theta \cdot \boldsymbol{Q} \tag{4-78}$$

其中，$\boldsymbol{P}$ 和 $\boldsymbol{Q}$ 为 x'' 轴和 y'' 轴的单位矢量，即

$$\boldsymbol{P} = \boldsymbol{R}_3\left(-\varOmega\right)\boldsymbol{R}_1\left(-i\right)\boldsymbol{R}_3\left(-\omega\right)\begin{bmatrix} 1 \\ 0 \\ 0 \end{bmatrix} = \begin{bmatrix} \cos\varOmega\cos\omega - \sin\varOmega\sin\omega\cos i \\ \sin\varOmega\cos\omega + \cos\varOmega\sin\omega\cos i \\ \sin\omega\sin i \end{bmatrix} \tag{4-79}$$

$$\boldsymbol{Q} = \boldsymbol{R}_3\left(-\varOmega\right)\boldsymbol{R}_1\left(-i\right)\boldsymbol{R}_3\left(-\omega-90°\right)\begin{bmatrix} 1 \\ 0 \\ 0 \end{bmatrix} = \begin{bmatrix} -\cos\varOmega\sin\omega - \sin\varOmega\cos\omega\cos i \\ -\sin\varOmega\sin\omega + \cos\varOmega\cos\omega\cos i \\ \cos\omega\sin i \end{bmatrix} \tag{4-80}$$

速度矢量表达式为

$$\dot{\boldsymbol{r}} = -\frac{a^2 n}{r}\sin E \cdot \boldsymbol{P} + \frac{a^2 n}{r}\sqrt{1-e^2}\cos E \cdot \boldsymbol{Q} \tag{4-81}$$

例题　将轨道六根数 $[a\ e\ i\ \varOmega\ \omega\ \theta] = [6878.137\mathrm{km}\ 0.001\ 10°\ 20°\ 30°\ 40°]$ 转换为位置速度。

解　根据式 (4-79) 和式 (4-80) 有

$$\boldsymbol{P} = \begin{bmatrix} \cos 20°\cos 30° - \sin 20°\sin 30°\cos 10° \\ \sin 20°\cos 30° + \cos 20°\sin 30°\cos 10° \\ \sin 30°\sin 10° \end{bmatrix} = \begin{bmatrix} 0.6453856 \\ 0.7589064 \\ 0.0868240 \end{bmatrix}$$

$$\boldsymbol{Q} = \begin{bmatrix} -\cos 20°\sin 30° - \sin 20°\cos 30°\cos 10° \\ -\sin 20°\sin 30° + \cos 20°\cos 30°\cos 10° \\ \cos 30°\sin 10° \end{bmatrix} = \begin{bmatrix} -0.7615445 \\ 0.6304242 \\ 0.1503837 \end{bmatrix}$$

又

$$p = a(1-e^2) = 6878.137(1 - 0.001^2) = 6878.1301219\mathrm{km}$$

$$r = \frac{a\left(1-e^2\right)}{1+e\cos\theta} = \frac{6878.137\left(1-0.001^2\right)}{1+0.001\times\cos 40°} = 6872.8652017\text{km}$$

根据式 (4-78) 可得

$$\boldsymbol{r} = r\cos\theta \cdot \boldsymbol{P} + r\sin\theta \cdot \boldsymbol{Q} = \begin{bmatrix} 33.5580981 \\ 6780.6650848 \\ 1121.4860416 \end{bmatrix} \text{km}$$

$$\boldsymbol{v} = -\sqrt{\frac{\mu}{p}}\sin\theta \cdot \boldsymbol{P} + \sqrt{\frac{\mu}{p}}\left(\cos\theta + e\right)\boldsymbol{Q} = \begin{bmatrix} -7.6048805 \\ -0.0323709 \\ 0.4532668 \end{bmatrix} \text{km/s}$$

4.2.2 轨道方程求解

卫星运动方程的求解方法有解析法、数值法。其中，数值法以 Runge-Kutta 方法和 Adams-Cowell 积分方法为代表。

1. Runge-Kutta 方法

Runge-Kutta 方法是一种单步积分方法，公式形式简单，应用方便，将它用于解算卫星运动方程和变分方程也具有很好的稳定性。其积分框图如图 4-2 所示。

设有初值问题为

$$\begin{cases} \dot{y}(t) = f(t\ y) \\ y(t_n) = y_n \end{cases} \tag{4-82}$$

则求解该问题的 Runge-Kutta 积分公式为

$$y_{n+1} = y_n + h\sum_{i=0}^{k} C_i f_i \tag{4-83}$$

$$\begin{cases} f_0 = f(t_n, y_n) \\ f_1 = f(t_n + a_1 h, y_n + a_1 b_{10} h f_0) \\ \cdots \\ f_k = f(t_n + a_k h, y_n + a_k h\sum_{i=0}^{k} b_{ki} f_i) \end{cases} \tag{4-84}$$

其中，$h = t_{n+1} - t_n$ 为积分步长；k 为积分式的阶数；C_i 和 a_i, b_{ij} 均为已知的系数。

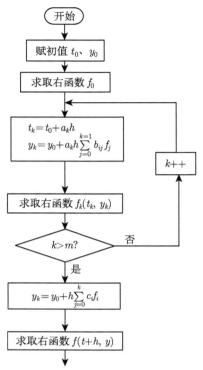

图 4-2　Runge-Kutta 方法积分框图

由运动方程和变分方程形成的矩阵常微分方程的初值问题为

$$\dot{\boldsymbol{y}}(t) = \boldsymbol{F}(t, \boldsymbol{y}) \tag{4-85}$$

其中，$\dot{\boldsymbol{y}}(t) = \begin{bmatrix} \dot{\boldsymbol{r}} & \dot{\psi} \\ \ddot{\boldsymbol{r}} & \ddot{\psi} \end{bmatrix}$；$\boldsymbol{F} = \begin{bmatrix} \dot{\boldsymbol{r}}(t) & \dot{\psi}(t) \\ \ddot{\boldsymbol{r}}(t, \boldsymbol{r}, \dot{\boldsymbol{r}}) & \ddot{\psi}(t, \boldsymbol{r}, \ddot{\boldsymbol{r}}) \end{bmatrix}$。

初值 $\boldsymbol{y}(t_0) = \begin{bmatrix} \boldsymbol{r}_0 & \psi_0 \\ \dot{\boldsymbol{r}}_0 & \dot{\psi}_0 \end{bmatrix}$。

2. Adams-Cowell 积分

Adams-Cowell 积分适合显含 1 阶导的二阶微分方程，初始值需要位置项和速度项。积分的预报公式为

$$\begin{cases} \dot{y}_{n+1} = h\left(I_{sn} + \sum_{j=0}^{k} \alpha_j \ddot{y}_{n-j}\right) \\ y_{n+1} = h^2\left(II_{sn} + \sum_{j=0}^{k} \beta_j \ddot{y}_{n-j}\right) \end{cases} \tag{4-86}$$

其中，α_j 和 β_j 为 Adams-Cowell 积分公式的预报系数，按式 (4-87) 和式 (4-88) 计算。

校正公式为

$$
\begin{cases}
\alpha_j = (-1)^j \displaystyle\sum_{m=j}^{k} \begin{bmatrix} m \\ j \end{bmatrix} \gamma'_{m+1}(1) \\[4mm]
\beta_j = (-1)^j \displaystyle\sum_{m=j}^{k} \begin{bmatrix} m \\ j \end{bmatrix} \gamma''_{m+2}(1)
\end{cases}
\tag{4-87}
$$

$$
\begin{cases}
\dot{y}_{n+1} = h\left(I_{sn} + \displaystyle\sum_{j=0}^{k} \alpha'_j \ddot{y}_{n-j+1}\right) \\[4mm]
y_{n+1} = h^2\left(II_{sn} + \displaystyle\sum_{j=0}^{k} \beta'_j \ddot{y}_{n-j+1}\right)
\end{cases}
\tag{4-88}
$$

其中，α'_j 和 β'_j 为 Adams-Cowell 积分公式的校正系数，即

$$
\begin{cases}
\alpha'_j = \begin{cases} 1 + \alpha''_j, & j = 0 \\ \alpha''_j, & j > 0 \end{cases} \\[4mm]
\alpha''_j = (-1)^j \displaystyle\sum_{m=j}^{k} \begin{bmatrix} m \\ j \end{bmatrix} \gamma'_{m+1}(1) \\[4mm]
\beta'_j = (-1)^j \displaystyle\sum_{m=j}^{k} \begin{bmatrix} m \\ j \end{bmatrix} \gamma''_{m+2}(1)
\end{cases}
\tag{4-89}
$$

式(4-87)和式(4-89)中的 γ'_{m+1} 和 γ''_{m+2} 按式 (4-90) 递推计算句号

$$
\begin{cases}
\gamma'_0(0) = 1 \\[3mm]
\gamma'_i(0) = -\displaystyle\sum_{j=0}^{i-1} \frac{1}{i-j+1}\gamma'_j(0) \\[3mm]
\gamma''_i(0) = \displaystyle\sum_{j=0}^{i} \gamma'_j(0)\gamma'_{i-j}(0) \\[3mm]
\gamma'_i(1) = \displaystyle\sum_{j=0}^{i} \gamma'_j(0) \\[3mm]
\gamma''_i(1) = \displaystyle\sum_{j=0}^{i} \gamma''_j(0)
\end{cases}
\tag{4-90}
$$

I_{sn} 和 II_{sn} 分别为 $\ddot{y}_n$ 的一次和分和二次和分，按式 (4-91) 递推计算，即

$$\begin{cases} I_{sn} = I_{sn-1} + \ddot{y}_n \\ II_{sn} = II_{sn-1} + I_{sn} \end{cases} \tag{4-91}$$

I_{sn} 和 II_{sn} 的初值定义为

$$\begin{cases} I_{sn-1} = \dfrac{\dot{y}_n}{h} - \displaystyle\sum_{j=0}^{k} \alpha'_j \ddot{y}_{n-j} \\ II_{sn-1} = \dfrac{y_n}{h^2} - \displaystyle\sum_{j=0}^{k} \beta'_j \ddot{y}_{n-j} \end{cases} \tag{4-92}$$

用 Adams-Cowell 积分流程如图 4-3 所示。轨道计算步骤如图 4-4 所示。

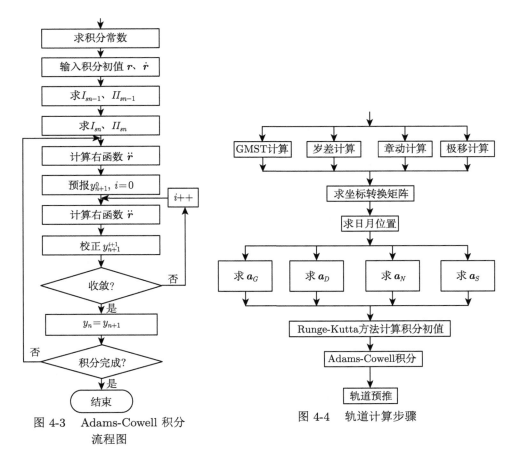

图 4-3　Adams-Cowell 积分
　　　　流程图

图 4-4　轨道计算步骤

4.3 轨道动力学仿真示例

4.3.1 卫星仿真操作流程

从 SpaceSim 软件主界面点击添加卫星图标，打开卫星参数设置界面。其操作面板和卫星参数设置面板如图 4-5 和图 4-6 所示。

图 4-5 SpaceSim 软件操作面板

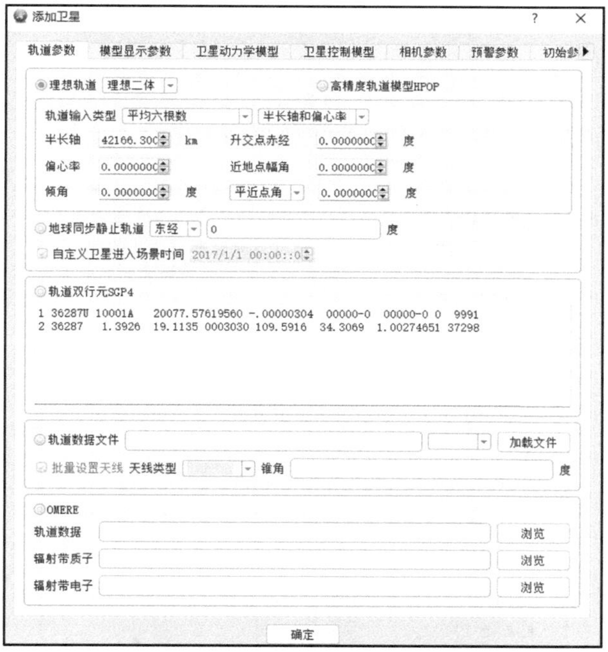

图 4-6 卫星参数设置面板

在卫星参数设置面板中设置和卫星模型相关的一切参数，包括轨道动力学模型参数、姿态动力学模型参数、模型显示参数等。

如图 4-7 所示，可在此页面输入卫星的初始状态，用六要素、位置速度等参数对卫星进行初始化，选择卫星的轨道模型为理想轨道模型或者 HPOP 模型。

图 4-7　卫星状态初始化

选择 SGP4 轨道动力学模型，并通过双行元进行初始化，如图 4-8 所示。

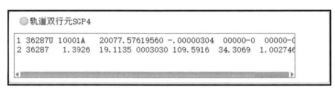

图 4-8　使用双行元进行初始化

在模型显示参数选项卡下对卫星模型的显示参数进行设置，选择是否在卫星 3D 模型上显示本体坐标系。模型显示参数页面如图 4-9 所示。

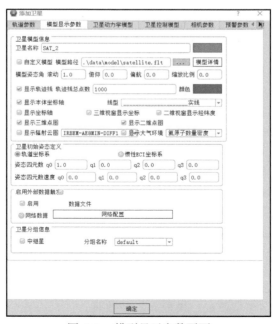

图 4-9　模型显示参数页面

在卫星动力学模型选项卡下设置与卫星动力学模型相关的参数，如是否考虑太阳辐照、日月摄动、大气阻力等，可设置卫星的迎风面积、受晒面积等。卫星动力学模型设置参数如图 4-10 所示。

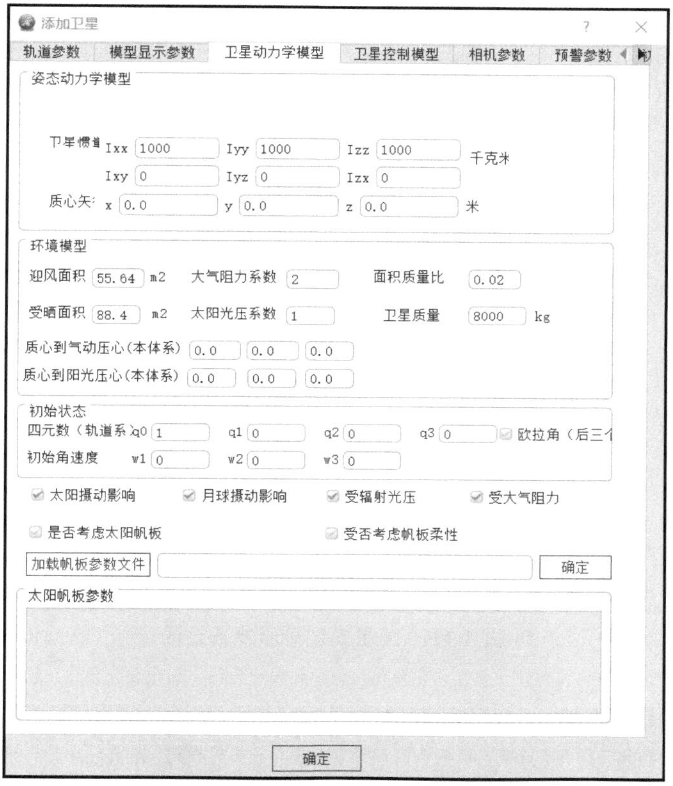

图 4-10　卫星动力学模型设置参数

在初始参数选项卡下设置卫星 3D 模型滚动角、俯仰角、偏航角等初始参数。卫星模型显示参数设置如图 4-11 所示。

卫星参数设置完毕后点击"确定"，可将卫星保存至场景当中。点击"仿真运行"按钮可仿真卫星在轨运行过程，如图 4-12 所示。

在仿真过程中可以通过指令的形式完成对卫星的控制。指令参数包括轨道机动指令与姿态调整指令两大类。

点击菜单条上的"任务命令"按钮，打开任务命令设置页面（图 4-13）。

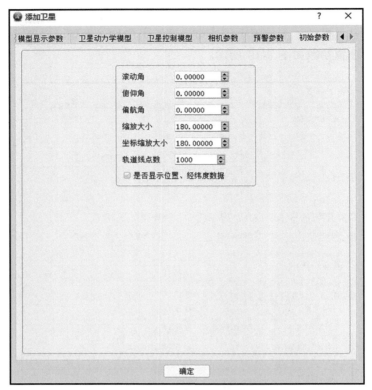

图 4-11　卫星模型显示参数设置

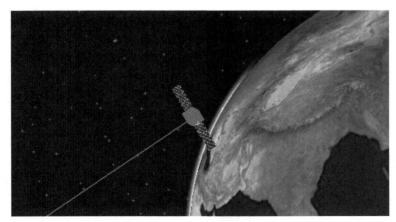

图 4-12　卫星在轨运行

图 4-13 菜单条栏

在任务命令设置页面中选择要控制的装备和指令类型,然后在指令参数中输入参数。这里选择速度脉冲指令类型,参数设置为 (10,10,10),即在惯性系 3 个轴上都加 10m/s 的速度脉冲。任务命令设置页面如图 4-14 所示。

图 4-14 任务命令设置页面

可以在指令窗口(图 4-15)中查看目前已被添加的指令,并对其进行删除、编辑等操作。

图 4-15 指令窗口

点击"运行"按钮,当仿真时刻到达指令开始时刻时,该条指令将被执行。如图 4-16 所示,卫星在执行完速度脉冲变轨指令后速度发生了变化,轨道随之发生改变。

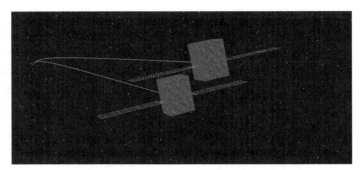

图 4-16　变轨示意图（添加一颗卫星模拟未变轨的轨迹）

　　打开输出文件设置，可以选择输出不同卫星的不同状态参数。输出文件设置如图 4-17 所示。

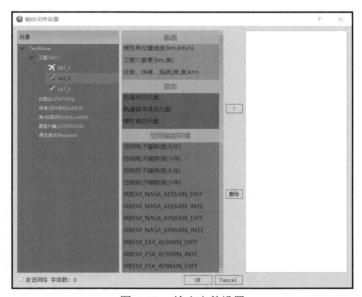

图 4-17　输出文件设置

4.3.2　卫星轨道动力学仿真实例

1. 单卫星仿真

　　利用 SpaceSim 软件的 SGP4 轨道动力学模型，由 HPOP 模型递推得到轨道，并与 STK 进行对比。卫星轨道六根数为 $[a\ e\ i\ \Omega\ \omega\ \theta]=$ [7378.1km 0

30° 0° 0° 0°]、卫星质量为 8000 kg、受晒面积 88.4 m², 迎风面积 55.64 m²。

1）设置流程

（1）在左侧场景树右键点击"卫星"，点击"添加卫星"。

（2）选择轨道计算模型 SGP4 (参考场景 DEMO_OrbitSGP4)、HPOP(参考场景 DEMO_OrbitHPOP)、理想模型 (参考场景 DEMO_OrbitIDEAL)，设置卫星轨道参数，如图 4-18 所示。

图 4-18　卫星参数设置

（3）如果选择 HPOP 模型，还需设置 HPOP 模型参数。在菜单栏依次点击"设置"、"HPOP 参数设置"，设置积分器、大气模式、重力场模型、重力场阶数等，并设置是否考虑大气、太阳光压、3 体摄动、潮汐等摄动项模型。HPOP 模型设置如图 4-19 所示。

图 4-19　HPOP 模型设置

（4）在菜单栏依次点击"设置"、"场景设置"，设置仿真时间及步长，如图 4-20 所示。

图 4-20　仿真时间及步长设置

2）仿真运行

（1）点击"开始仿真"。

（2）图标栏可以设置加速、减速，切换三维、二维窗口。仿真三维场景如图 4-21 所示。仿真二维场景如图 4-22 所示。

3）设置文件输出

（1）在左侧场景树右键点击"场景"，点击"添加输出"。

（2）选择卫星，以及惯性系位置速度，添加到输出列表中。参数输出文件设置如图 4-23 所示。

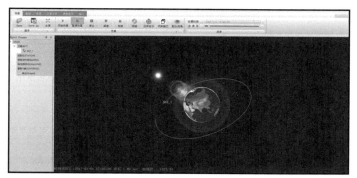

图 4-21　仿真三维场景

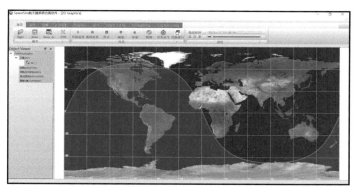

图 4-22　仿真二维场景

图 4-23　参数输出文件设置

（3）txt 输出文件如图 4-24 所示。

SECONDS	JD	time	SAT_1.PV1(km)	SAT_1.PV2(km)	SAT_1.PV3(km)	SAT_1.PV4(km/s)	SAT
0	2457755.000000	2017-1-1_12:00:00	16378.652659	-6.839714	-9.961620	0.001684	2.467
20	2457755.000231	2017-1-1_12:00:20	16378.652659	-6.839714	-9.961620	0.001684	2.467
40	2457755.000463	2017-1-1_12:00:40	16378.389081	42.502352	75.485005	-0.028041	2.46
60	2457755.000694	2017-1-1_12:01:00	16377.531015	91.842874	160.928889	-0.057765	2.46
80	2457755.000926	2017-1-1_12:01:20	16376.078488	141.180063	246.366930	-0.087487	2.4
100	2457755.001157	2017-1-1_12:01:40	16374.031549	190.512126	331.796024	-0.117206	2.4
120	2457755.001389	2017-1-1_12:02:00	16371.390268	239.837274	417.213068	-0.146921	2.4
140	2457755.001620	2017-1-1_12:02:20	16368.154737	289.153716	502.614962	-0.176631	2.4
160	2457755.001852	2017-1-1_12:02:40	16364.325068	338.459662	587.998603	-0.206335	2.4
180	2457755.002083	2017-1-1_12:03:00	16359.901398	387.753322	673.360890	-0.236031	2.4
200	2457755.002315	2017-1-1_12:03:20	16354.883883	437.032906	758.698723	-0.265719	2.4
220	2457755.002546	2017-1-1_12:03:40	16349.272700	486.296626	844.009002	-0.295398	2.4
240	2457755.002778	2017-1-1_12:04:00	16343.068049	535.542693	929.288630	-0.325066	2.4
260	2457755.003009	2017-1-1_12:04:20	16336.270153	584.769320	1014.534509	-0.354722	2.
280	2457755.003241	2017-1-1_12:04:40	16328.879253	633.974720	1099.743543	-0.384366	2.
300	2457755.003472	2017-1-1_12:05:00	16320.895615	683.157105	1184.912636	-0.413996	2.
320	2457755.003704	2017-1-1_12:05:20	16312.319523	732.314692	1270.038696	-0.443611	2.
340	2457755.003935	2017-1-1_12:05:40	16303.151287	781.445695	1355.118630	-0.473210	2.
360	2457755.004167	2017-1-1_12:06:00	16293.391234	830.548330	1440.149349	-0.502792	2.
380	2457755.004398	2017-1-1_12:06:20	16283.039717	879.620816	1525.127763	-0.532356	2.
400	2457755.004630	2017-1-1_12:06:40	16272.097105	928.661369	1610.050787	-0.561901	2.
420	2457755.004861	2017-1-1_12:07:00	16260.563794	977.668211	1694.915335	-0.591426	2.
440	2457755.005093	2017-1-1_12:07:20	16248.440199	1026.639561	1779.718325	-0.620930	2
460	2457755.005324	2017-1-1_12:07:40	16235.726755	1075.573642	1864.456676	-0.650411	2
480	2457755.005556	2017-1-1_12:08:00	16222.423922	1124.468677	1949.127310	-0.679868	2
500	2457755.005787	2017-1-1_12:08:20	16208.532177	1173.322891	2033.727152	-0.709302	2
520	2457755.006019	2017-1-1_12:08:40	16194.052024	1222.134511	2118.253129	-0.738709	2
540	2457755.006250	2017-1-1_12:09:00	16178.983982	1270.901763	2202.702170	-0.768090	2

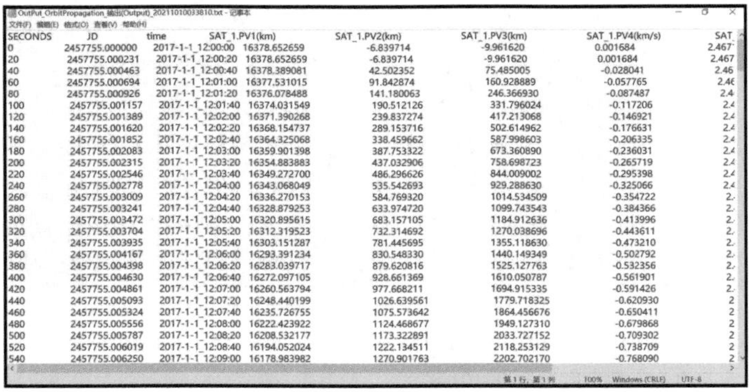

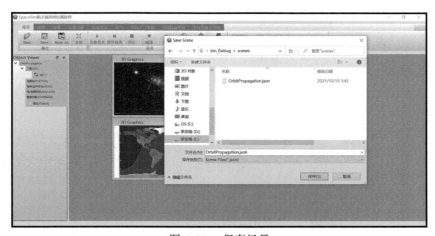

图 4-24　txt 输出文件

4）保存场景

（1）在菜单栏依次点击“场景”、“保存”，或直接点保存图标。

（2）设置场景名称，如 OrbitPropagation.json，自动保存当前设置场景，如图 4-25 所示。

图 4-25　保存场景

5）打开场景

用户可以直接打开场景文件，读取已设计的场景，如图 4-26 所示。场景展示如图 4-27 所示。

图 4-26   打开场景

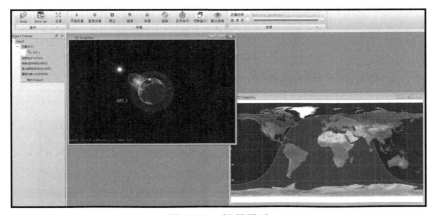

图 4-27   场景展示

2. 星座仿真

如果场景中的卫星数量过多，则可采用 walker 星座一键生成功能。
点击菜单栏"设置"，点击"walker 星座设置"，如图 4-28 所示。

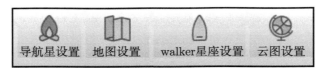

图 4-28   walker 星座设置

打开星座设置页面如图 4-29 所示。

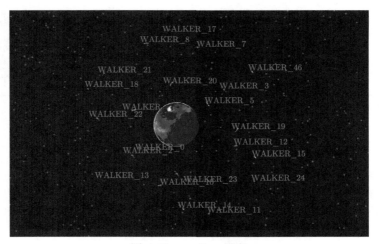

图 4-29　星座设置页面

　　设置完毕后点击"确定"按钮，将星座一键添加至场景中。walker 星座如图 4-30 所示。

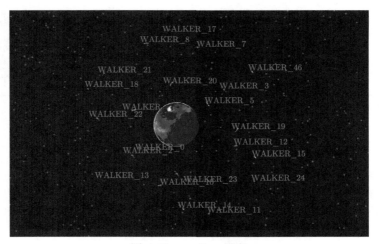

图 4-30　walker 星座

　　用同样的方法可建立大规模星座。GPU 高性能计算 10000 颗卫星轨道及覆盖如图 4-31 所示。

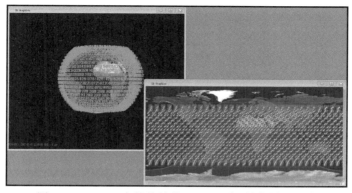

图 4-31　GPU 高性能计算 10000 颗卫星轨道及覆盖

4.4　卫星变轨策略与控制

在航天领域高机动变轨能力是敏捷卫星必不可少的基本能力，可以执行应急响应类任务。本节针对卫星机动变轨策略和执行变轨的控制方式进行建模与描述。

4.4.1　冲量制导的燃料消耗和发动机工作时间

任何轨道机动都需考虑变轨过程燃料的消耗 Δm 和达到预期效果时发动机工作的时间 Δt，消耗的燃料由齐奥尔科夫斯基公式得到，可以表示为

$$\Delta m = m(t_0)(1 - \mathrm{e}^{-\frac{\Delta v}{I_{sg}}}) \tag{4-93}$$

其中，$m(t_0)$ 为这次变轨前航天器质量；Δv 为变轨所需的速度增量；I_{sg} 为发动机的比冲。

假设发动机的秒耗量 $\dot{m}$ 为常数，则实现速度增量需要发动机工作的时间为

$$\Delta t = \frac{m(t_0)}{\dot{m}}(1 - \mathrm{e}^{-\frac{\Delta v}{I_{sg}}}) \tag{4-94}$$

4.4.2　航天器轨道转移冲量制导策略

1. 同面变轨——共面同心圆霍曼转移

霍曼轨道转移是德国科学家霍曼 1925 年发现的，无论向内轨道转移还是向外轨道转移，所需速度增量的大小只与初始轨道速度大小和末初轨道的轨道半径有关，在形式上没有区别。

假设驻留轨道的轨道半径为 r_1，速度大小为 v_0，任务轨道的轨道半径为 r_2，在驻留轨道 A 点施加的速度冲量大小为 Δv_0，到达任务轨道的 B 点时施加速度冲量大小 Δv_1。霍曼转移示意图如图 4-32 所示。

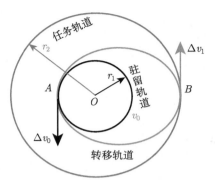

图 4-32 霍曼转移示意图

轨道半径之比 $K = \dfrac{r_2}{r_1}$，由此可得两次的速度冲量大小，即

$$
\begin{cases}
\Delta v_0 = v_0 \left(\sqrt{\dfrac{2K}{1+K}} - 1 \right) \\
\Delta v_1 = v_0 \sqrt{\dfrac{1}{K}} \left(1 - \sqrt{\dfrac{2}{1+K}} \right)
\end{cases}
\tag{4-95}
$$

霍曼转移仿真结果如图 4-33 所示。

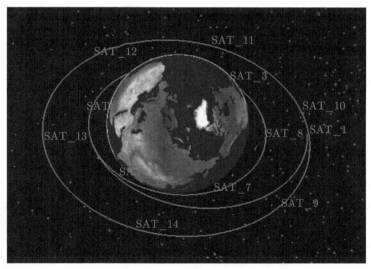

图 4-33 霍曼转移仿真结果

2. 异面变轨

1）改变轨道倾角的最优单冲量策略

由高斯动力学方程可得

$$\mathrm{d}i = \frac{r\cos u}{h}\mathrm{d}v \tag{4-96}$$

其中，u 为纬度幅角。

如果驻留轨道为圆轨道，对于给定的倾角微小改变，在纬度幅角 $u = 0°$ 或 $u = 180°$ 时需要的速度增量最小，也就是说，在赤道上空改变圆轨道的倾角是最有效的。

如果驻留轨道为圆轨道，轨道速度大小为 v_0，倾角的有限改变为 Δi，其他轨道要素不变。单冲量改变圆轨道倾角示意图如图 4-34 所示。

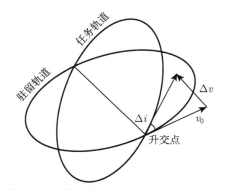

图 4-34 单冲量改变圆轨道倾角示意图

由此可知

$$\Delta v = 2v_0 \sin\frac{\Delta i}{2} \tag{4-97}$$

2）消除异面角的最优冲量策略

在空间交会或者轨道平面的方位要求比较严格的任务中，消除初始轨道与目标轨道的异面角是一项重要的操作。在这项任务中，通常要求初始轨道的形状保持不变，即半长轴和偏心率不变。保持速度大小和飞行路径角不变，就能保持半长轴和偏心率不变。不难理解，冲量点应在初始轨道和目标轨道的交线上。变轨示意图如图 4-35 所示。

设初始轨道的升交点赤经和倾角分别为 Ω_0 和 i_0，半长轴和偏心率分别为 a_0 和 e_0，近地点幅角为 ω_0，目标轨道的升交点赤经和倾角分别为 Ω_f 和 i_f。

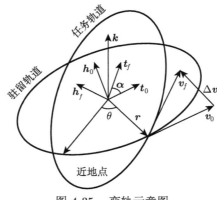

图 4-35　变轨示意图

在 J2000 坐标系下，可以得到初始轨道和目标轨道的单位角动量，即

$$\boldsymbol{h}_0 = \begin{bmatrix} \sin \Omega_0 \sin i_0 \\ -\cos \Omega_0 \sin i_0 \\ \cos i_0 \end{bmatrix}, \boldsymbol{h}_f = \begin{bmatrix} \sin \Omega_f \sin i_f \\ -\cos \Omega_f \sin i_f \\ \cos i_f \end{bmatrix} \tag{4-98}$$

则两平面节线的单位矢量为

$$\boldsymbol{N} = \frac{\boldsymbol{h}_0 \times \boldsymbol{h}_f}{|\boldsymbol{h}_0 \times \boldsymbol{h}_f|} \tag{4-99}$$

令 $\boldsymbol{t}_0 = \boldsymbol{h}_0 \times \boldsymbol{r}$、$\boldsymbol{t}_f = \boldsymbol{h}_f \times \boldsymbol{r}$，变轨点的位置矢量应满足 $\boldsymbol{r} = \pm\boldsymbol{N}$，由此可以求出初始轨道上两个真近点角 θ_1 和 θ_2，进而得到对应于初始轨道的两个位置矢量 $\boldsymbol{r}_1$ 和 $\boldsymbol{r}_2$。

由于 $\boldsymbol{t}_0$ 到 $\boldsymbol{t}_f$ 的旋转角为 α，因此

$$\boldsymbol{h}_f = \boldsymbol{h}_0 \cos \alpha - \boldsymbol{t}_0 \sin \alpha \tag{4-100}$$

利用 $\boldsymbol{h}_0 \cdot \boldsymbol{k} = \cos i_0, \boldsymbol{h}_f \cdot \boldsymbol{k} = \cos i_f, \boldsymbol{k} = [0\ 0\ 1]$，可得

$$\cos i_f = \cos i_0 \cos \alpha - \cos u_0 \sin i_0 \sin \alpha \tag{4-101}$$

由此可知，给定 u_0，就可以求出 α，进而可得

$$\Delta v = |\boldsymbol{v}_f - \boldsymbol{v}_0| = |v_t \boldsymbol{t}_f + \dot{r}\boldsymbol{r} - (v_t \boldsymbol{t}_0 + \dot{r}\boldsymbol{r})| = v_t \, |\boldsymbol{t}_f - \boldsymbol{t}_0| = \frac{h}{r}\sqrt{2(1 - \cos \alpha)} \tag{4-102}$$

其中，h 为角动量大小，$h = |\boldsymbol{h}| = |\boldsymbol{r} \times \boldsymbol{v}|$；$r$ 为地心距。

$$\Delta v = \frac{\sqrt{\mu_e a_0 (1 - e_0^2)}}{r} \sqrt{2(1 - \cos \alpha)} \tag{4-103}$$

显然，变轨点的高低影响燃料的消耗。

（1）如果 $|\boldsymbol{r}_1| > |\boldsymbol{r}_2|$，则 θ_1 为最佳变轨位置。此时的速度增量大小为

$$\Delta v = \frac{\sqrt{\mu_e a_0 (1 - e_0^2)}}{r_1} \sqrt{2(1 - \cos \alpha)} \tag{4-104}$$

（2）如果 $|\boldsymbol{r}_2| > |\boldsymbol{r}_1|$，则 θ_2 为最佳变轨位置。此时的速度增量大小为

$$\Delta v = \frac{\sqrt{\mu_e a_0 (1 - e_0^2)}}{r_2} \sqrt{2(1 - \cos \alpha)} \tag{4-105}$$

3. 兰伯特变轨

兰伯特变轨问题描述为，给定飞行器初始时刻的位置 $\boldsymbol{r}_s$、速度 $\boldsymbol{v}_{s0}$，以及飞行器到达终端时刻的位置 $\boldsymbol{r}_f$ 和速度 $\boldsymbol{v}_{f0}$，同时给定轨道转移飞行时间 t_f，求解飞行器在初始时刻和终端时刻两次冲量的速度增量 $\Delta \boldsymbol{v}_1$ 和 $\Delta \boldsymbol{v}_2$。兰伯特问题的几何关系如图 4-36 所示。

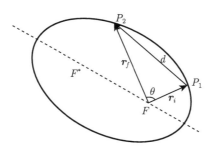

图 4-36 兰伯特问题的几何关系

如果轨道转移起始位置 P_1 和目标位置 P_2 固定，且 $|\boldsymbol{r}_i| + |\boldsymbol{r}_f|$ 和半长轴在飞行过程中不变，转移轨道的初始焦点 F 和虚拟焦点 F^* 可以不受飞行时间的约束而移动，转移轨道的形状也不会发生变化。如图 4-37 所示，转换后轨道上 P_2 点的真近点角 υ 与转移轨道中 $\boldsymbol{r}_i$ 和 $\boldsymbol{r}_f$ 的夹角 θ 相关，即

$$\cos \upsilon = \frac{2\sqrt{|\boldsymbol{r}_i| |\boldsymbol{r}_f|} \cos \dfrac{\theta}{2}}{|\boldsymbol{r}_i| + |\boldsymbol{r}_f|} \tag{4-106}$$

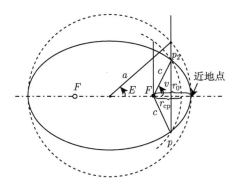

图 4-37   兰伯特问题的转换形式

令 e 为转移轨道的偏心率，飞行时间函数可以表示为

$$\frac{1}{2}\sqrt{\frac{\mu_e}{a^3}}\cdot t = E - e\sin E \tag{4-107}$$

式 (4-107) 定义了飞行时间和转移轨道半长轴之间的详细关系，可将其转化为如下方程，即

$$\begin{cases} y^2 = \dfrac{m}{(l+x)(1+x)} \\ y^3 - y^2 = m\dfrac{E-\sin E}{4\sin^3\dfrac{E}{2}} \\ x = \tan^2\dfrac{E}{2} \end{cases} \tag{4-108}$$

其中，l 和 m 为常数，$l = \tan^2\dfrac{v}{2}$，$m = \dfrac{\mu\cdot t^2}{8r_{cp}^3}$ 。

式 (4-108) 为 Battin 方法解二体兰伯特问题的公式，变量 y 和 x 可以采用迭代的方法求取，计算过程如下。

（1）猜测 $x = x_0(x\in[0,+\infty])$，利用 x 计算 E。

（2）通过第 2 个式子求出 y。

（3）把得到的 y 代入第一个式子，重新计算 x。

（4）重复（1）～（3），直到 x 在允许的精度范围内不再变化。

转移轨道的半长轴和半正交弦可以表示为

$$a = \frac{ms(1+\lambda)^2}{8xy^2} \tag{4-109}$$

$$p = \frac{2\,|\boldsymbol{r}_i|\,|\boldsymbol{r}_f|\,y^2(1+x)^2\sin^2\frac{\theta}{2}}{ms(1+\lambda)^2} \tag{4-110}$$

可以求得转移轨道起始位置和目标位置的速度 $\boldsymbol{v}_i$ 和 $\boldsymbol{v}_f$，即

$$\boldsymbol{v}_i = \sqrt{\frac{\mu}{p}}\left(1 - \cos\theta - \frac{p}{|\boldsymbol{r}_f|}\right)\frac{1}{|\boldsymbol{r}_i|\sin\theta}\boldsymbol{r}_i + \sqrt{\frac{\mu}{p}}\frac{p}{|\boldsymbol{r}_i|\,|\boldsymbol{r}_f|\sin\theta}\boldsymbol{r}_f \qquad (4\text{-}111)$$

$$\boldsymbol{v}_f = -\sqrt{\frac{\mu}{p}}\left(1 - \cos\theta - \frac{p}{|\boldsymbol{r}_i|}\right)\frac{1}{|\boldsymbol{r}_f|\sin\theta}\boldsymbol{r}_f - \sqrt{\frac{\mu}{p}}\frac{p}{|\boldsymbol{r}_i|\,|\boldsymbol{r}_f|\sin\theta}\boldsymbol{r}_i \qquad (4\text{-}112)$$

则兰伯特变轨中飞行器在初始时刻和终端时刻两次冲量的速度增量为

$$\Delta\boldsymbol{v}_1 = \boldsymbol{v}_i - \boldsymbol{v}_{s0} \qquad (4\text{-}113)$$

$$\Delta\boldsymbol{v}_2 = \boldsymbol{v}_{f0} - \boldsymbol{v}_f \qquad (4\text{-}114)$$

4.4.3 有限推力变轨策略

1. 有限推力轨道机动的动力学方程

地球附近航天器的运动在 J2000 地心赤道不旋转坐标系描述。在发动机工作期间，日月引力摄动、光压力摄动、气动力摄动可以忽略，地球引力摄动只考虑 J_2 项的影响，能得到近地空间航天器有限推力轨道机动动力学模型，即

$$\begin{cases} \ddot{\boldsymbol{r}}(t) = \dfrac{\partial U}{\partial \boldsymbol{r}} + \dfrac{F}{m}\boldsymbol{u} \\[2mm] \dot{m} = -\dfrac{F}{I_{sg}} \end{cases} \qquad (4\text{-}115)$$

其中，$\boldsymbol{r}$ 为航天器相对地形的位置矢量；U 为含有 J_2 项的引力势函数，其沿位置矢量方向的大小为

$$U = \frac{\mu_e}{r}\left[1 - J_2\left(\frac{R_e}{r}\right)^2\left(\frac{3}{2}\sin^2\Phi - \frac{1}{2}\right)\right] \qquad (4\text{-}116)$$

其中，μ_e 为地球的引力常数；R_e 为地球的赤道平均半径；Φ 为航天器的地心纬度。

动力学方程有两个可控变量，一个是推力方向，另一个是推力大小。前者通过调整航天器姿态或者通过摆动发动机来实现，后者通过调节燃料的秒耗量实现。工程中比较成熟的发动机是推力定常型的，其取值集合为离散型 $\{0, F_{\max}\}$，即要么发动机关机，要么以最大推力 $F_{\max}$ 工作。

轨道机动通常从一个指定的初始轨道开始，经过有限推力机动的过程，到达一个指定的目标轨道。航天器可以从初始轨道的任意一点开始点火，在目标轨道上的任意一点关机。这意味着，轨道机动的开始时刻和终端时刻是自由的。

假定冲量变轨点的时刻为零时刻，此时航天器在初始轨道上的位置和速度分别为 r_0 和 v_0，航天器在目标轨道上的位置和速度分别为 r_f 和 v_f。若记任意时刻 t_0 航天器在初始轨道上的位置和速度为 $r(r_0, v_0, t_0)$ 和 $v(r_0, v_0, t_0)$，任意时刻 t_f 航天器在目标轨道上的位置和速度为 $r(r_f, v_f, t_f)$ 和 $v(r_f, v_f, t_f)$，则初始状态约束可表示为

$$\begin{cases} r(t_0) = r(r_0, v_0, t_0) \\ v(t_0) = v(r_0, v_0, t_0) \end{cases} \tag{4-117}$$

终端状态约束可表示为

$$\begin{cases} r(t_f) = r(r_f, v_f, t_f) \\ v(t_f) = v(r_f, v_f, t_f) \end{cases} \tag{4-118}$$

2. 推力方向惯性固定的制导策略

在实际的变轨问题中，总是希望变轨策略需要的姿态控制尽量简单，推力方向惯性固定的策略是一种比较简单的变轨策略。

假设已知变轨冲量点，在无推力作用时，航天器到达冲量变轨点的时刻记为零时刻，此时在 J2000 地心不转动坐标系下航天器的位置和速度记为 r_0 和 v_0，冲量变轨后的位置和速度为 r_0 和 $v_0 + \Delta v_{\text{imp}}$，$\Delta v_{\text{imp}}$ 为已知的脉冲速度冲量。记任意时刻 t_0 航天器在初始轨道上的位置和速度为 $r(r_0, v_0, t_0)$ 和 $v(r_0, v_0, t_0)$，任意时刻 t_f 航天器在目标轨道上的位置和速度为 $r(r_f, v_f, t_f)$ 和 $v(r_f, v_f, t_f)$，其中 $r_f = r_0$，$v_f = v_0 + \Delta v_{\text{imp}}$，在冲量变轨点处建立 (r, t, h) 坐标系，其中 $r = \dfrac{r_0}{|r_0|}, h = \dfrac{r_0 \times v_0}{|r_0 \times v_0|}, t = h \times r$。显然，$(r\, t\, h)$ 在惯性空间固定。推力矢量在 $(r\, t\, h)$ 上可以表示为

$$F = F[\cos\alpha\cos\beta \quad \cos\alpha\sin\beta \quad \sin\alpha]^{\text{T}} \tag{4-119}$$

其中，α 为推力仰角，$-90° < \alpha < 90°$；β 为推力偏角，$0° \leqslant \beta < 360°$。

系统的状态方程为

$$\dot{r} = v \tag{4-120}$$

$$\dot{v} = \frac{\partial U}{\partial r} + \frac{F}{m}u \tag{4-121}$$

$$\dot{m} = -\frac{F}{I_{sg}} \tag{4-122}$$

初始边界条件为

$$\begin{cases} r(t_0) = r(r_0, v_0, t_0) \\ v(t_0) = v(r_0, v_0, t_0) \\ m(t_0) = m_0 \end{cases} \tag{4-123}$$

终端边界条件应为,在 t_f 时刻,航天器轨道平面与目标轨道平面重合,拱线与目标轨道拱线重合,轨道周期与目标轨道周期相同,即轨道角动量与目标轨道角动量平行,偏心率矢量与目标轨道的偏心率矢量重合且大小相等,轨道半长轴与目标轨道半长轴相等,即

$$\frac{1}{2}\left|\boldsymbol{v}(t_f)\right|^2 - \frac{\mu_e}{\left|\boldsymbol{r}(t_f)\right|} = \frac{1}{2}\left|\boldsymbol{v}(\boldsymbol{r}_f,\boldsymbol{v}_f,t_f)\right|^2 - \frac{\mu_e}{\left|\boldsymbol{r}(\boldsymbol{r}_f,\boldsymbol{v}_f,t_f)\right|} \tag{4-124}$$

$$\frac{\boldsymbol{r}(t_f) \times \boldsymbol{v}(t_f)}{\left|\boldsymbol{r}(t_f) \times \boldsymbol{v}(t_f)\right|} \cdot \frac{\boldsymbol{h}(\boldsymbol{r}_f,\boldsymbol{v}_f,t_f)}{\left|\boldsymbol{h}(\boldsymbol{r}_f,\boldsymbol{v}_f,t_f)\right|} = 1 \tag{4-125}$$

$$\frac{\boldsymbol{v}(t_f) \times \boldsymbol{h}(t_f)}{\mu_e} - \frac{\boldsymbol{r}(t_f)}{\left|\boldsymbol{r}(t_f)\right|} = \frac{\boldsymbol{v}(\boldsymbol{r}_f,\boldsymbol{v}_f,t_f) \times \boldsymbol{h}(\boldsymbol{r}_f,\boldsymbol{v}_f,t_f)}{\mu_e} - \frac{\boldsymbol{r}(\boldsymbol{r}_f,\boldsymbol{v}_f,t_f)}{\left|\boldsymbol{r}(\boldsymbol{r}_f,\boldsymbol{v}_f,t_f)\right|} \tag{4-126}$$

在推力以最大值 $F = F_{\max}$ 工作的情况下,猜测一个 t_0 和 t_f,以及推力方向角 α 和 β,状态方程的解在时刻 t_f 的值分别为 $\boldsymbol{r}(t_f)$ 和 $\boldsymbol{v}(t_f)$。令残差函数为

$$\boldsymbol{g} = \begin{bmatrix} \dfrac{1}{2}\left|\boldsymbol{v}(t_f)\right|^2 - \dfrac{\mu_e}{\left|\boldsymbol{r}(t_f)\right|} - \left(\dfrac{1}{2}\left|\boldsymbol{v}(\boldsymbol{r}_f,\boldsymbol{v}_f,t_f)\right|^2 - \dfrac{\mu_e}{\left|\boldsymbol{r}(\boldsymbol{r}_f,\boldsymbol{v}_f,t_f)\right|}\right) \\[2ex] \arccos\left(\dfrac{\boldsymbol{r}(t_f) \times \boldsymbol{v}(t_f)}{\left|\boldsymbol{r}(t_f) \times \boldsymbol{v}(t_f)\right|} \cdot \dfrac{\boldsymbol{h}(\boldsymbol{r}_f,\boldsymbol{v}_f,t_f)}{\left|\boldsymbol{h}(\boldsymbol{r}_f,\boldsymbol{v}_f,t_f)\right|}\right) \\[2ex] \dfrac{\boldsymbol{v}(t_f) \times \boldsymbol{h}(t_f)}{\mu_e} - \dfrac{\boldsymbol{r}(t_f)}{\left|\boldsymbol{r}(t_f)\right|} - \left(\dfrac{\boldsymbol{v}(\boldsymbol{r}_f,\boldsymbol{v}_f,t_f) \times \boldsymbol{h}(\boldsymbol{r}_f,\boldsymbol{v}_f,t_f)}{\mu_e} - \dfrac{\boldsymbol{r}(\boldsymbol{r}_f,\boldsymbol{v}_f,t_f)}{\left|\boldsymbol{r}(\boldsymbol{r}_f,\boldsymbol{v}_f,t_f)\right|}\right) \end{bmatrix}$$
$$\tag{4-127}$$

显然,$\boldsymbol{g}$ 为 t_0 和 t_f,以及推力方向角 α 和 β 的隐函数,记 $\boldsymbol{\xi} = [t_0\ t_f\ \alpha\ \beta]^{\mathrm{T}}$,则 $\boldsymbol{g}$ 为 $\boldsymbol{\xi}$ 的函数,记为 $\boldsymbol{g}(\boldsymbol{\xi})$。因此,求取满足边界条件的推力方向固定制导策略问题,转化为求取 $\boldsymbol{g}(\boldsymbol{\xi})$ 的零点问题。

设 $\boldsymbol{\xi}^*$ 为 $\boldsymbol{g}(\boldsymbol{\xi})$ 的零点,即 $\boldsymbol{g}(\boldsymbol{\xi}^*) = 0$,任意给定 $\boldsymbol{\xi}^*$ 的初始猜测值 $\boldsymbol{\xi}_0$,在 $F = F_{\max}$ 作用下,积分状态方程可以得到 $\boldsymbol{g}(\boldsymbol{\xi}_0)$,对 $\boldsymbol{g}(\boldsymbol{\xi})$ 在 $\boldsymbol{\xi}_0$ 附近进行线性化,可得

$$\boldsymbol{g}(\boldsymbol{\xi}^*) \approx \boldsymbol{g}(\boldsymbol{\xi}_0) + \frac{\partial \boldsymbol{g}(\boldsymbol{\xi})}{\partial \boldsymbol{\xi}}\Big|_{\boldsymbol{\xi}=\boldsymbol{\xi}_0} (\boldsymbol{\xi}^* - \boldsymbol{\xi}_0) \tag{4-128}$$

为了达到精确变轨,必须使

$$\boldsymbol{g}(\boldsymbol{\xi}^*) = 0 \tag{4-129}$$

结合式 (4-129),可得

$$\boldsymbol{g}(\boldsymbol{\xi}_0) + \frac{\partial \boldsymbol{g}(\boldsymbol{\xi})}{\partial \boldsymbol{\xi}}\Big|_{\boldsymbol{\xi}=\boldsymbol{\xi}_0}(\boldsymbol{\xi}^* - \boldsymbol{\xi}_0) = 0 \tag{4-130}$$

$\left.\dfrac{\partial g(\xi)}{\partial \xi}\right|_{\xi=\xi_0}$ 为非方阵，而 $\left[\left.\dfrac{\partial g(\xi)}{\partial \xi}\right|_{\xi=\xi_0}\right]^{\mathrm{T}}\left[\left.\dfrac{\partial g(\xi)}{\partial \xi}\right|_{\xi=\xi_0}\right]$ 为方阵，令

$$A = \left[\left.\frac{\partial g(\xi)}{\partial \xi}\right|_{\xi=\xi_0}\right]^{\mathrm{T}}\left[\left.\frac{\partial g(\xi)}{\partial \xi}\right|_{\xi=\xi_0}\right] \tag{4-131}$$

$$B = \left[\left.\frac{\partial g(\xi)}{\partial \xi}\right|_{\xi=\xi_0}\right]^{\mathrm{T}} g(\xi_0) \tag{4-132}$$

可得

$$\xi^* = \xi_0 - A^{-1}B \tag{4-133}$$

迭代可得推力方向固定模式下的有限推力机动的全部制导信息。

4.5　轨道机动仿真示例

4.5.1　卫星轨道变轨推力器仿真

该示例可参考场景 DEMO_OrbitTrasferThruster。

1. 前提条件

正确添加需要变轨的卫星，在左侧场景树中，点击需要执行变轨的卫星。场景树中，该卫星高亮显示。

2. 添加多模推进器

右键点击该卫星，选择"添加多模推进器"，填写推进器基本信息，包括推力器名称、推进类型等。点击多模推进器菜单"保存"。多模推进器信息如图 4-38 所示。

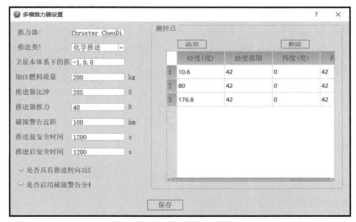

图 4-38　多模推进器信息

3. 添加指令

点击最上方菜单中的"窗口",点击"指令窗口显示",点击"添加指令",执行时间为执行推进时刻,装备名称选择创建的推进器,正确填写指控命令,即 Thruster.TPT_Continue_I 指令参数为执行推进时长,指控命令菜单中点击"执行"。变轨指控指令如图 4-39 所示。

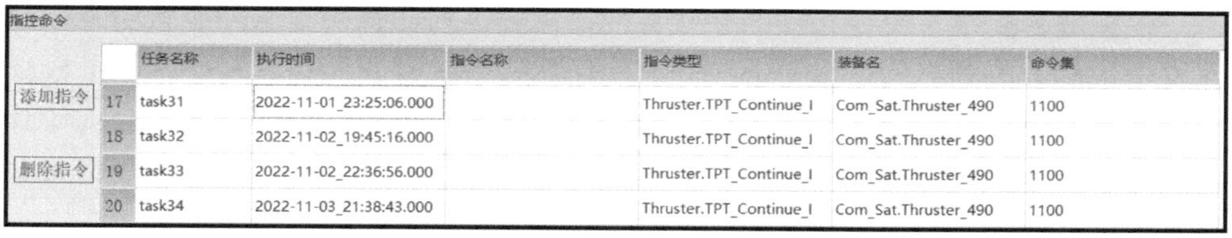

		任务名称	执行时间	指令名称	指令类型	装备名	命令集
添加指令	17	task31	2022-11-01 23:25:06.000		Thruster.TPT_Continue_I	Com_Sat.Thruster_490	1100
	18	task32	2022-11-02 19:45:16.000		Thruster.TPT_Continue_I	Com_Sat.Thruster_490	1100
删除指令	19	task33	2022-11-02 22:36:56.000		Thruster.TPT_Continue_I	Com_Sat.Thruster_490	1100
	20	task34	2022-11-03 21:38:43.000		Thruster.TPT_Continue_I	Com_Sat.Thruster_490	1100

图 4-39　变轨指控指令

4. 仿真运行

在场景菜单下,点击"开始仿真",卫星工作正常,推进器执行推进正常,可观察到卫星轨道变化,如图 4-40 所示。

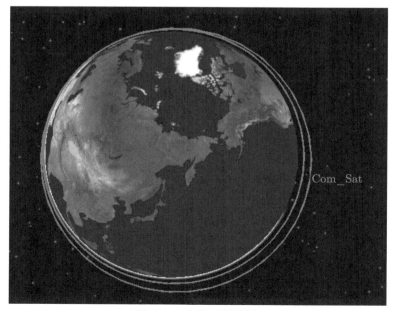

图 4-40　卫星轨道变化

4.5.2 霍曼变轨仿真

1. 问题假设

卫星在轨道高度为 15000km、倾角为 0° 的圆轨道上运行，根据任务要求在运行一周后通过霍曼转移到地球同步静止轨道。

2. 需求分析与仿真设计

根据题目要求与霍曼转移的变轨特性，需要提前计算两次脉冲变轨的时刻与速度增量的大小和方向。以 SpaceSim 软件默认系统时间为仿真开始时间，根据卫星轨道高度计算轨道周期，得到第一次变轨时刻，再由霍曼变轨相关公式计算得到两次变轨速度增量和变轨周期，进而得到第二次变轨时刻。霍曼转移相关参数计算过程如下。

1）初始轨道参数

$r_1 = 6378 + 15000 = 21378 \text{km}$， 地球半径 + 轨道高度

$$T_1 = 2\pi\sqrt{\frac{r_1^3}{\mu}} = 31107.265 \text{s} = 8\text{h}38\text{min}27.265\text{s}, \quad \text{圆轨道周期公式}$$

2）目标轨道参数

$r_2 = 6378 + 35786 = 42164 \text{km}$， 地球静止轨道卫星地心距

3）两次速度脉冲增量计算

$$\Delta v_P = \sqrt{\frac{\mu}{r_1}}\left(\sqrt{\frac{2r_2}{r_1 + r_2}} - 1\right) = 656.374 \text{m/s}, \quad \text{第一次变轨}$$

$$\Delta v_A = \sqrt{\frac{\mu}{r_2}}\left(1 - \sqrt{\frac{2r_1}{r_1 + r_2}}\right) = 552.545 \text{m/s}, \quad \text{第二次变轨}$$

4）转移时间

$$\Delta T = \pi\sqrt{\frac{(r_1 + r_2)^3}{8\mu}} = 28179.128 \text{s} = 7\text{h}49\text{min}39.128\text{s}, \quad \text{椭圆轨道半周期}$$

在仿真中，可设置初始轨道升交点赤经、近地点幅角、平近点角均为 0，则第一次变轨时刻卫星位于春分点。根据 SpaceSim 软件默认的 J2000 惯性坐标系定义，卫星此时速度方向为 $+Y$ 方向，速度增量也为 $+Y$ 方向，第二次变轨时刻相位转过 $180°$，速度增量为 $-Y$ 方向。机动卫星与参照卫星轨道参数如表 4-2 所示。霍曼转移参数如表 4-3 所示。

表 4-2 机动卫星与参照卫星轨道参数

卫星编号	半长轴/km	偏心率	倾角/(°)	升交点赤经/(°)	近地点幅角/(°)	平近点角/(°)
SAT_1	21378	0	0	0	0	0
SAT_2	42164	0	0	0	0	0

表 4-3 霍曼转移参数

历元 UTC 时刻	事件	速度增量矢量/(m/s)
2017.1.1 12:00:00.000	仿真开始	—
2017.1.1 20:38:27.265	第一次速度脉冲	[0, 656.347, 0]
2017.1.2 04:28:06.393	第二次速度脉冲	[0, −552.545, 0]

3. 仿真操作流程

1）创建新场景

（1）打开 SpaceSim 软件，点击"新建场景"，输入场景名称 Hohmann。

（2）时间参数保持默认，仿真开始时间为 UTC 2017/1/01_12:00:00，仿真结束时间为 UTC 2017/1/05_12:00:00，点击"OK"完成，如图 4-41 所示。

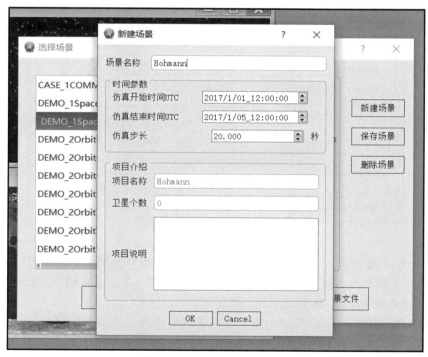

图 4-41 霍曼场景名称设置

2）添加对象

（1）在菜单栏点击"模型"，选择"添加卫星"（图 4-42），在弹出的卫星设置对话框内，选中"轨道参数"选项卡，选择理想轨道，修改半长轴为 21378km，其他参数保持默认。卫星 1 轨道参数设置如图 4-43 所示。

图 4-42　添加卫星

图 4-43　卫星 1 轨道参数设置

（2）在卫星设置对话框内，选中"模型显示参数"选项卡，便于对比，将卫星 1 的轨道颜色改为黄色（图 4-44），点击"确定"，将卫星 SAT_1 添加到程序中，如图 4-45 和图 4-46 所示。

（3）为了显示直观，添加一颗卫星在目标地球静止轨道上，用同样的方法将半长轴设置为 42164km。卫星 2 轨道参数设置如图 4-47 所示。轨道颜色设置为红色，如图 4-48所示。卫星 SAT_2 被添加到程序中，如图 4-49 和图 4-50 所示。

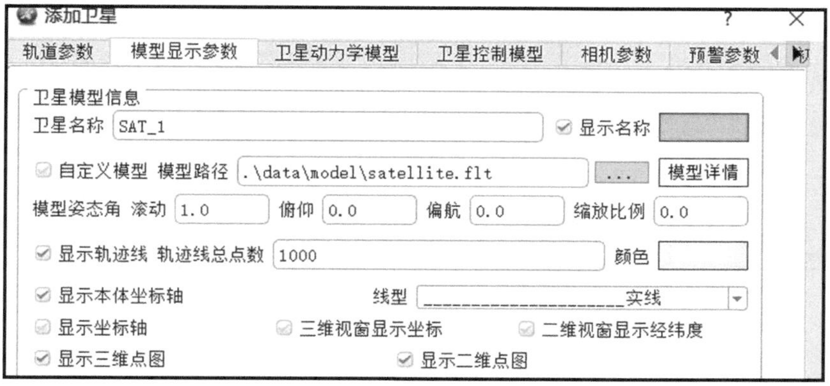

图 4-44 卫星 1 显示参数设置

图 4-45 侧边栏显示 SAT_1

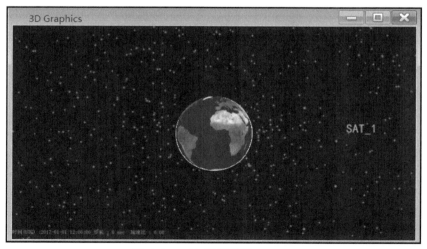

图 4-46 3D 视窗显示 SAT_1

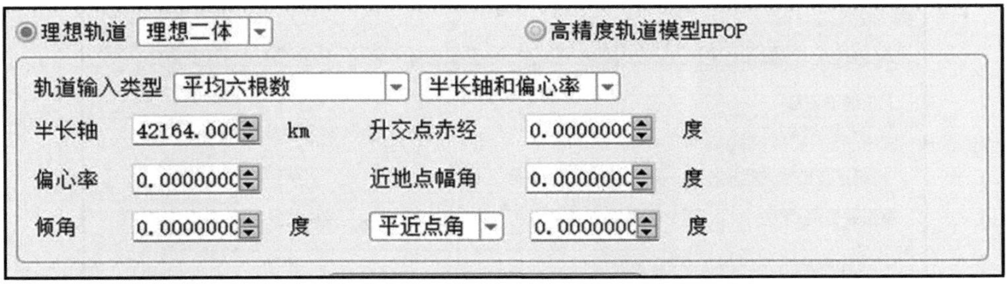

理想轨道 理想二体 ▾   高精度轨道模型HPOP

轨道输入类型 平均六根数 ▾   半长轴和偏心率 ▾

半长轴   42164.000⬍ km   升交点赤经 0.0000000⬍ 度

偏心率   0.0000000⬍   近地点幅角 0.0000000⬍ 度

倾角   0.0000000⬍ 度   平近点角 ▾ 0.0000000⬍ 度

图 4-47   卫星 2 轨道参数设置

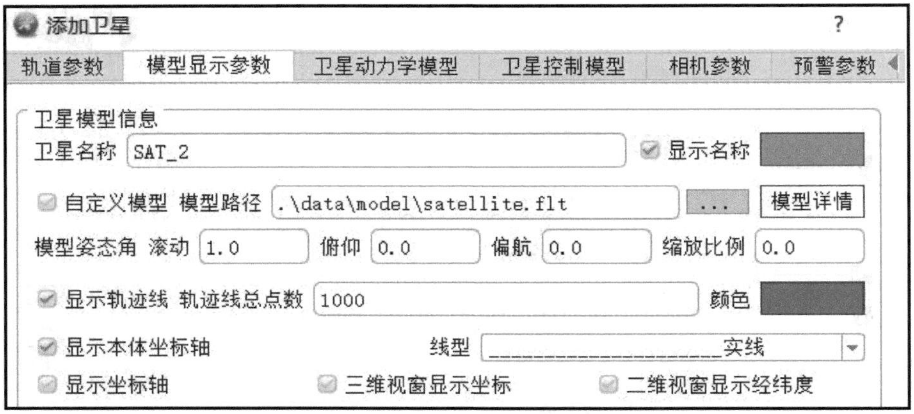

添加卫星   ?

轨道参数   模型显示参数   卫星动力学模型   卫星控制模型   相机参数   预警参数 ◂

卫星模型信息
卫星名称 SAT_2   ☑ 显示名称

☑ 自定义模型 模型路径 .\data\model\satellite.flt   ...   模型详情

模型姿态角 滚动 1.0   俯仰 0.0   偏航 0.0   缩放比例 0.0

☑ 显示轨迹线 轨迹线总点数 1000   颜色

☑ 显示本体坐标轴   线型 _____实线   ▾

☑ 显示坐标轴   ☑ 三维视窗显示坐标   ☑ 二维视窗显示经纬度

图 4-48   卫星 2 显示参数设置

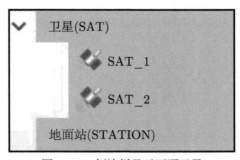

卫星(SAT)

SAT_1

SAT_2

地面站(STATION)

图 4-49   侧边栏显示两颗卫星

图 4-50 3D 视窗显示两颗卫星

两颗卫星星下点一致，只是轨道高度不同。2D 视窗两颗卫星星下点位置如图 4-51 所示。

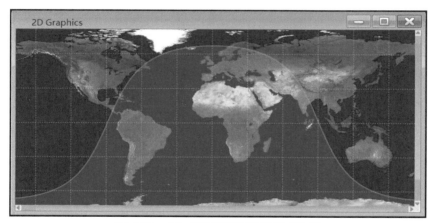

图 4-51 2D 视窗两颗卫星星下点位置

（4）点击菜单栏"场景"中的"开始仿真"，调整视角，观察两条轨道是否建立正确。霍曼两卫星轨道测试如图 4-52 所示。

3）添加变轨指令

（1）点击菜单栏"窗口"中的"指令窗口显示"选项卡，软件下方弹出指控命令对话框，点击"添加指令"按钮，即可弹出"指控命令"设置窗口，如图 4-53 和图 4-54 所示。

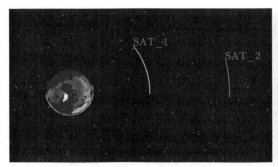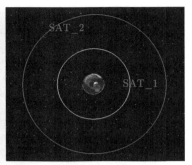

图 4-52　霍曼两卫星轨道测试

图 4-53　指令窗口显示

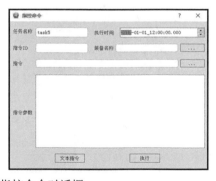

图 4-54　添加指控命令对话框

（2）添加变轨指令。首先，输入第一条变轨指令的详细信息，包括执行时间、指令 ID（随意设置，不与其他重复即可）、指令参数（J2000 坐标系下各方向的速度增量，英文逗号隔开），点击"装备名称"按钮，选择 SAT_1，点击"指令"按钮，选择"速度增量变轨"选项，如图 4-55 所示。用同样的方法添加第二条变轨指令，如图 4-56 所示。

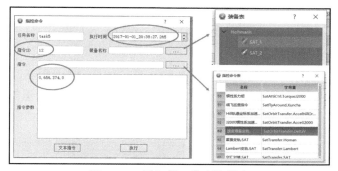

指控命令
任务名称
task5
执行时间
2017-01-01_20:38:27.265
指令ID
12
装备名称
指令
0,656,374,0
指令参数
文本指令
执行
装备表
Hohmann
SAT_1
SAT_2
指控命令表
名称
字符集
SatAttiCtrl.TorqueJ2000
SatFlyAround.Xuncha
SatOrbitTransfer.AccelHillOr...
SatOrbitTransfer.AccelJ2000
SatOrbitTransfer.DeltaV
SatTransfer.Homan
SatTransfer.Lambert
SatTransfer.SAT
图 4-55 添加第一条变轨指令

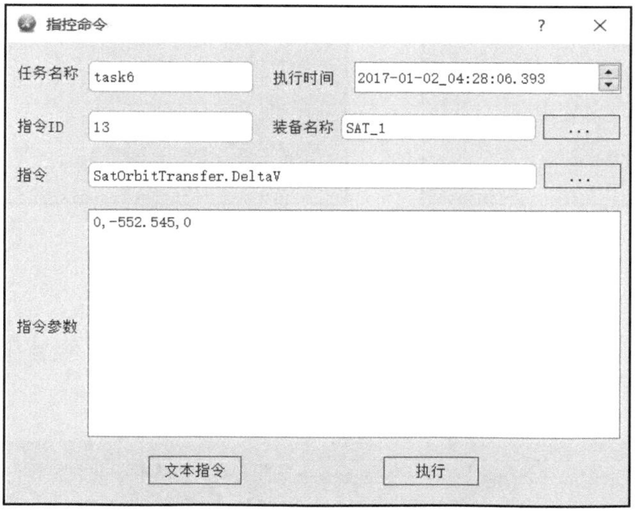
指控命令
任务名称
task6
执行时间
2017-01-02_04:28:06.393
指令ID
13
装备名称
SAT_1
指令
SatOrbitTransfer.DeltaV
0,-552.545,0
指令参数
文本指令
执行
图 4-56 添加第二条变轨指令

指令添加完毕后，指控命令栏显示所有指令的详细信息，如发现错误，可以选中该条指令，点击“删除指令”，再点击“添加指令”重新添加即可。指令无误即可开始仿真。指控命令栏显示的指令如图 4-57 所示。

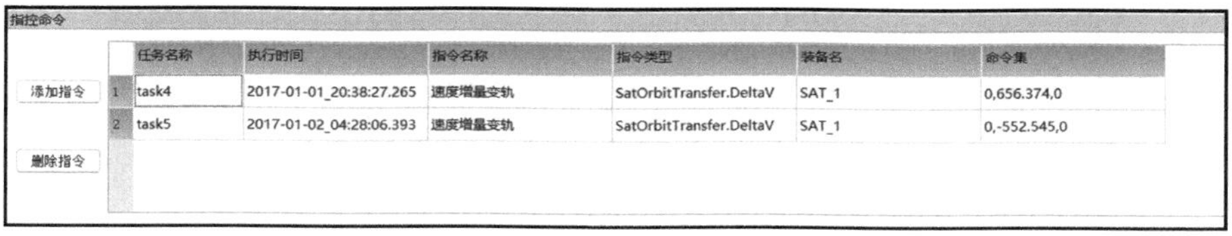
指控命令
添加指令
删除指令
任务名称
执行时间
指令名称
指令类型
装备名
命令集
1 task4 2017-01-01_20:38:27.265 速度增量变轨 SatOrbitTransfer.DeltaV SAT_1 0,656.374,0
2 task5 2017-01-02_04:28:06.393 速度增量变轨 SatOrbitTransfer.DeltaV SAT_1 0,-552.545,0
图 4-57 指控命令栏显示的指令

指令添加完毕后，指控命令栏显示所有指令的详细信息，如发现错误，可以选中该条指令，点击"删除指令"，再点击"添加指令"重新添加即可。

4）添加输出项

为后续分析方便，在仿真前可增加输出项。如图 4-58 所示，在侧边栏点击"输出"选项卡，弹出"输出文件设置"对话框，可以将任意卫星的轨道、姿态等关心的变量添加到输出项中。

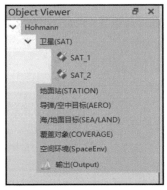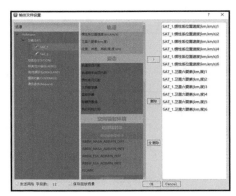

图 4-58　输出设置

5）仿真运行

点击菜单栏"场景"中的"开始仿真"按钮，可在 3D 视窗中观察到整个动态仿真过程，如图 4-59 所示。

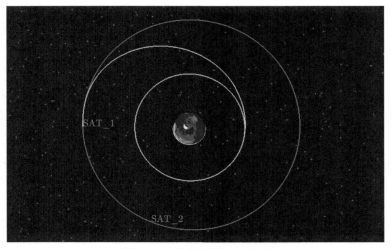

图 4-59　仿真过程 3D 显示

仿真过程中也可打开 2D 视窗，观察星下点位置变化，如图 4-60 所示。

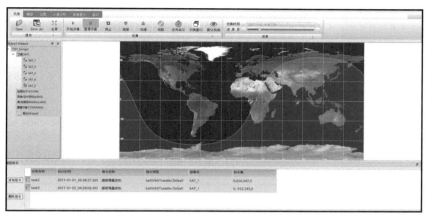

图 4-60　仿真过程 2D 显示

6）仿真后处理

仿真完毕可在软件安装路径下"..\scenes\Hohmann\Output"查看输出的 txt 文件，如图 4-61 所示。

	SECONDS	JD	time	SAT_1.PV1(km)	SAT_1.PV2(km)
1	0	2457755.000000	2017-1-1_12:00:00	21376.949203	-0.119462
2	20	2457755.000231	2017-1-1_12:00:20	21376.775206	86.249126
3	40	2457755.000463	2017-1-1_12:00:40	21376.252258	172.616305
4	60	2457755.000694	2017-1-1_12:01:00	21375.380368	258.980667
5	80	2457755.000926	2017-1-1_12:01:20	21374.159550	345.340801
6	100	2457755.001389	2017-1-1_12:02:00	21370.671222	518.042574
7	140	2457755.003241	2017-1-1_12:04:40	21342.767587	1208.399031
8	300	2457755.005093	2017-1-1_12:07:20	21292.568587	1897.493153
9	460	2457755.006944	2017-1-1_12:10:00	21220.126662	2584.605092
10	620	2457755.008796	2017-1-1_12:12:40	21125.517488	3269.017066
11	780	2457755.010648	2017-1-1_12:15:20	21008.839897	3950.014116
12	940	2457755.012500	2017-1-1_12:18:00	20870.215774	4626.884850
13	1100	2457755.014352	2017-1-1_12:20:40	20709.789930	5298.922187
14	1260	2457755.016204	2017-1-1_12:23:20	20527.729953	5965.424093
15	1420	2457755.018056	2017-1-1_12:26:00	20324.226028	6625.694320
16	1580	2457755.019907	2017-1-1_12:28:40	20099.490744	7279.043128
17	1740	2457755.021759	2017-1-1_12:31:20	19853.758866	7924.788005
18	1900	2457755.023611	2017-1-1_12:34:00	19587.287095	8562.254388
19	2060	2457755.025463	2017-1-1_12:36:40	19300.353797	9190.776356
20	2220	2457755.027315	2017-1-1_12:39:20	18993.202872	9809.697336
21	2380	2457755.029167	2017-1-1_12:42:00	18666.322643	10418.370783
22	2540	2457755.031019	2017-1-1_12:44:40	18319.887119	11016.160857
23	2700	2457755.032870	2017-1-1_12:47:20	17954.314039	11602.443087

图 4-61　仿真输出 txt 文件

4.5.3　兰伯特变轨仿真

1. 问题假设

2017 年 1 月 1 日 12 时，某在轨卫星解体后，经地面指挥中心观测，产生两颗较大的空间碎片，决定派出一颗带机械臂的卫星在轨抓取空间碎片，排除隐患。

对这两颗碎片的轨道进行分析后发现，第一颗碎片在观测时间的 10000s 后经过地心惯性坐标系下的 $+Y$ 轴，距离地面高度为 20000km，第二颗碎片在观测时间的 24000s 后到达地心惯性坐标系下的 $-X$ 方向，距离地面高度为 30000km。为方便显示抓取过程，假设在抓捕前碎片都处于圆轨道运行。抓取卫星现位于春分点上方倾角为 0° 的圆轨道向 $+Y$ 轴方向前行，轨道高度为 15000km。

2. 需求分析与仿真设计

根据题目要求，抓取卫星需要进行两次变轨，一次变轨用于抓捕碎片一，再进行一次变轨抓捕碎片二。第一次抓捕和第二次抓捕都知道抓取卫星初末位置和轨道转移时间，属于兰伯特问题，因此需要运用解兰伯特问题的方法求出两次轨道变轨速度增量，完成抓捕。

1）初始抓捕卫星轨道参数

r_1=6378+15000=21378km， 地球半径 + 轨道高度

$v_1 = \sqrt{\dfrac{\mu}{r_1}}$=4318.03m/s， 方向为 $+Y$ 方向

2）第一次变轨后轨道参数

末位置 r_2=6378+20000=26378km。

通过 r_1、r_2 和 Δt_1=10000s，利用兰伯特问题的普适解法可求得变轨后的速度，即

$$\boldsymbol{v}_1' = [754.45, 4353.56, 0]\text{m/s}$$

再通过轨道六根数能够求得这段轨道在 r_3 时的末速度，即

$$\boldsymbol{v}_2 = [-3528.33, 70.77, 0]\text{m/s}$$

3）第二次变轨后轨道参数

末位置 r_3=6378+30000=36378km。

通过 r_2、r_3 和 Δt_2=14000s，利用兰伯特问题的普适解法求得第二次变轨后的速度，即

$$\boldsymbol{v}_2' = [-4140.67, 647.00, 0]\text{m/s}$$

4）速度脉冲

我们可以得到 r_1 和 r_2 处的速度脉冲，即

$$\Delta \boldsymbol{v}_1 = \boldsymbol{v}_1' - \boldsymbol{v}_1 = [754.45, 35.53, 0]\text{m/s}$$

$$\Delta \boldsymbol{v}_2 = \boldsymbol{v}_2' - \boldsymbol{v}_2 = [-612.34, 576.23, 0]\text{m/s}$$

表 4-4 所示为计算得出的兰伯特变轨参数。

表 4-4 兰伯特变轨参数

历元 UTC 时刻	事件	速度增量矢量/(m/s)
2017.1.1 8:00:00.000	仿真开始	—
2017.1.1 12:00:00.000	第一次速度脉冲	[754.45，35.53，0]
2017.1.1 14:46:40.000	第二次速度脉冲	[−612.34，576.23，0]

3. 仿真操作流程

1）创建新场景

（1）打开 SpaceSim 软件，点击"新建场景"，输入场景名称 Lambert。

（2）时间参数保持默认，为了观察第一次变轨的效果，使仿真结果更加清晰，我们选择仿真开始时间为 UTC 2017/1/01_8:00:00。这需要计算相关周期等，设置卫星初始位置参数，以便卫星和碎片能够准时运行到预定地点。仿真结束时间为 UTC 2017/1/01_18:40:00，点击"OK"完成。兰伯特仿真场景设置如图 4-62 所示。步长越短，得到的结果越精确。

图 4-62 兰伯特仿真场景设置

2）添加卫星

（1）在菜单栏点击"模型"，选择"添加卫星"，在弹出的卫星设置对话框内，选中"轨道参数"选项卡，选择理想轨道或高精度轨道模型，修改半长轴为21378km，修改平近点角为 $-166.65°$ 来调整卫星在圆轨道上的位置，使卫星在 12 时到达 X 轴正方向。卫星 1 轨道参数设置如图 4-63 所示。

图 4-63　卫星 1 轨道参数设置

（2）在卫星设置对话框内，选中"模型显示参数"选项卡（图 4-64），将卫星 1 的轨道颜色改为黄色，点击"确定"，卫星 SAT_1 被添加到程序中。调试时可以勾选三维视窗显示坐标显示卫星实时位置。

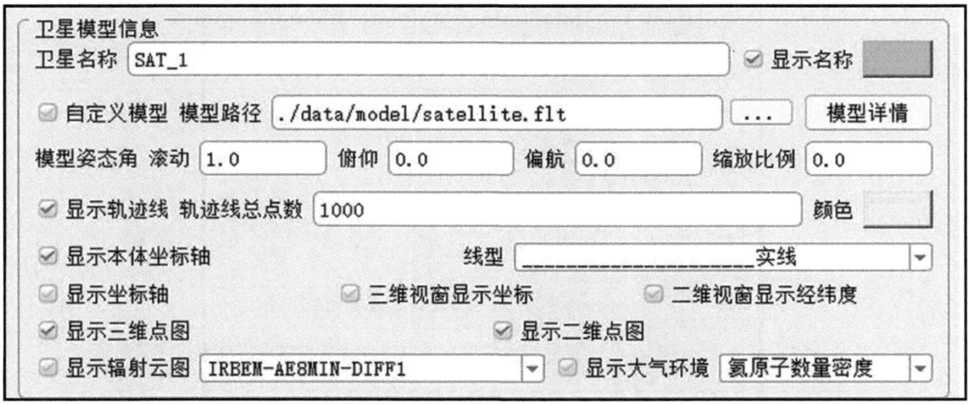

图 4-64　卫星 1 显示参数设置

（3）为了显示直观，再添加一颗卫星在原抓取卫星轨道上表示若不发生变轨抓取卫星的运动，用同样的方法将半长轴设置为 21378km，平近点角设置为 $-166.65°$，轨道颜色设置为红色，将卫星 SAT_2 添加到程序中。卫星 2 显示参数设置如图 4-65 所示。

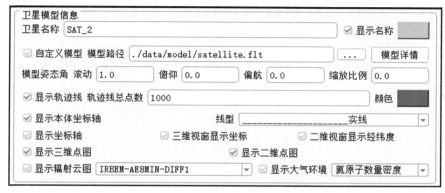

图 4-65 卫星 2 显示参数设置

（4）用同样的方法添加碎片一和碎片二，自定义轨道颜色。其中，碎片一的半长轴为 26378km，平近角为 −116.02°，其他参数保持默认，碎片二的半长轴为 36378km，平近角为 20.20°，其他参数保持默认。卫星与碎片 3D 显示如图 4-66 所示。

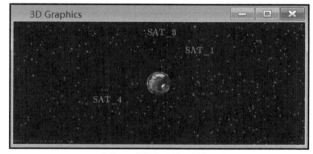

(a) 侧边栏显示四颗卫星　　　　　　　(b) 3D视图下的四颗卫星

图 4-66 卫星与碎片 3D 显示

3）添加变轨指令

（1）点击菜单栏"窗口"中的"指令窗口显示"选项卡，软件下方会弹出指控命令对话框，点击"添加指令"按钮，即可弹出"指控命令"设置窗口。

（2）添加变轨指令。首先，输入第一条变轨指令的详细信息，包括执行时间、指令 ID（随意设置，不与其他重复即可）、指令参数（J2000 坐标系下各方向的速度增量，注意这一步要使用英文逗号隔开，中文逗号无法识别），点击"指令"按钮，选择 62 号"速度增量变轨"选项，点击"装备名称"按钮，选择 SAT_1，如图 4-67 所示。用同样的方法添加第二条变轨指令。

图 4-67　添加指控命令对话框

指令添加完毕后，指控命令栏显示所有指令的详细信息，如发现错误，可以选中该条指令，点击"删除指令"，点击"添加指令"重新添加即可。指令无误即可开始仿真。指控命令栏显示的指令如图 4-68 所示。

图 4-68　指控命令栏显示的指令

4）添加输出项

为后续分析方便，在仿真前可增加输出项，在侧边栏点击"输出"选项卡，即弹出"输出文件设置"对话框，可以将任意卫星的轨道、姿态等关心的变量添加到输出项中，与前述案例相同。

5）仿真运行

点击菜单栏"场景"中的"开始仿真"按钮开始仿真，可在 3D 视窗中观察到整个动态仿真过程，当变轨指令被触发后，"指控命令"窗中的该条指令会变为绿色。仿真过程 3D 显示如图 4-69 所示。

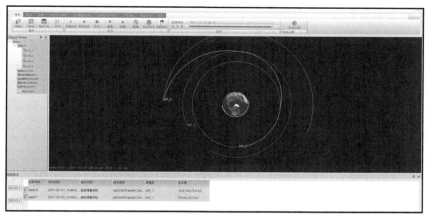

图 4-69   仿真过程 3D 显示

仿真过程中也可打开 2D 视窗，观察星下点位置变化，如图 4-70 所示。

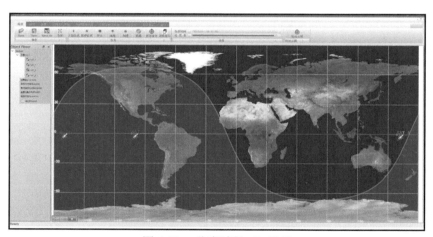

图 4-70   仿真过程 2D 显示

6）仿真后处理

仿真完毕可在软件安装路径"..\scenes\Lambert\Output"中查看输出的 txt
文件，利用该文件进行数据分析。最终结果有误差可能和保留的有效数字及仿真
步长等有关，减少仿真步长和提高数字位数能够减少误差，因此需要看曲线时可
以将步长设置得较大，需要看输出文件结果时需要减少步长。加速和减速按钮能
够调整步长，而不只是调整动画播放速度，因此使用时需注意。

4.5.4 相位调整仿真

1. 问题假设

2017 年 1 月 1 日 15 时，因任务需要，需要将一颗处于与重庆同一经度线的地球同步静止轨道卫星通过轨道机动转移到纽约同一经度线。该任务要求在最短的时间内实现。已知重庆为东经 106°，纽约为西经 74°，此同步静止轨道卫星只能提供当前速度方向的加速度，而且脉冲次数限定在两次以内。

2. 需求分析与仿真设计

根据任务要求，卫星需要进行两次变轨，一次变轨用于降低速度进入低轨道来减小周期，提高卫星速度。等卫星到达纽约经度之后再进行一次变轨来调整轨道高度，使卫星再次进入地球同步轨道。第一次变轨时轨道高度最大，该高度与地球半径之和为转移轨道的长半轴。由于卫星在转移轨道上运行一个周期能够领先原轨道相位角 180°，因此可知转移轨道周期为原周期的一半。地球同步静止轨道的周期为 23h56min4s，因此转移轨道周期为 43082s，远心点到地心长度为 42164km。

根据 $T = 2\pi\sqrt{\dfrac{a^3}{\mu}} = 43082\text{s}$，可得半长轴 $a = 26562\text{km}$。根据速度公式，即

$$\frac{v^2}{2} - \frac{\mu}{r} = -\frac{\mu}{2a}$$

我们可以得到转移轨道在该点速度的大小为 1974.99m/s，因此只需要将原卫星速度大小降低到转移轨道在该点速度的大小 1974.99m/s 即可。相位调整原理如图 4-71 所示。

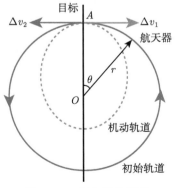

图 4-71　相位调整原理

3. 仿真操作流程

1）创建新场景

（1）打开 SpaceSim 软件，点击"新建场景"，输入场景名称 xiangwei。

（2）时间参数保持默认，仿真开始时间为 UTC 2017/1/01_12:00:00，仿真结束时间为 UTC 2017/1/02_5:00:00，点击"OK"完成。新建场景如图 4-72 所示。

图 4-72　新建场景

2）添加对象

（1）在菜单栏点击"模型"，选择"添加卫星"，在弹出的卫星设置对话框内，选中"轨道参数"选项卡，选择高精度轨道，勾选地球同步静止轨道，设置经度为东经 106°。卫星 1 轨道参数设置如图 4-73 所示。

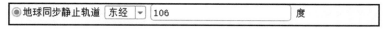

图 4-73　卫星 1 轨道参数设置

（2）在卫星设置对话框内，选中"模型显示参数"选项卡。为便于对比，将卫星 1 的轨道颜色改为黄色，点击"确定"，卫星 SAT_1 被添加到程序中。

（3）为了显示直观，再添加一颗卫星在目标地球静止轨道上，用同样的方法设置参数，轨道颜色设置为红色。

（4）在菜单栏点击"模型"，选择"添加地面站"，如图 4-74 所示。在弹出的地面站设置对话框内，设置经度为 106°，如图 4-75 所示。纬度不是重点项，可以设置与重庆相同或者 0，这里设置为 0。用同样的方法设置纽约处地面站，这里设置经度为 −74°。可以看到，卫星 1、卫星 2 和星下点在初始时处在地面站 1 的位置，如图 4-76 所示。

图 4-74　添加地面站

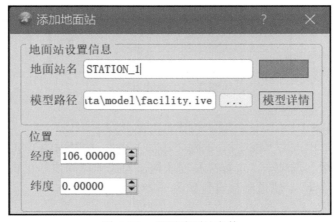

图 4-75　设置地面站参数

3）添加变轨指令

（1）在仿真前增加输出项，在侧边栏点击"输出"选项卡，即弹出"输出文件设置"对话框，将卫星 1 惯性系位置速度添加到输出项中。仿真完毕可在软件安装路径"..\scenes\xiangwei\Output"中查看输出的 txt 文件（图 4-77），查看时间为 15 时卫星 1 的速度。

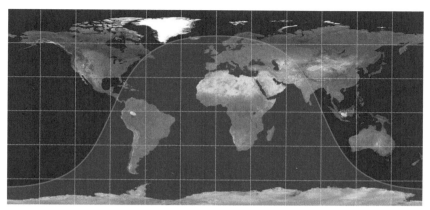

图 4-76　2D 视图下卫星和地面站位置

2017-1-1_14:58:40	13353.277566	40327.899667	-88.216041	-2.911060	0.983130	-0.000074
2017-1-1_14:59:00	13295.042473	40347.520327	-88.217423	-2.912445	0.978935	-0.000065
2017-1-1_14:59:20	13236.779726	40367.057076	-88.218621	-2.913825	0.974738	-0.000055
2017-1-1_14:59:40	13178.489449	40386.509874	-88.219635	-2.915198	0.970540	-0.000046
2017-1-1_15:00:00	13120.171764	40405.878683	-88.220463	-2.916566	0.966340	-0.000037
2017-1-1_15:00:20	13061.826791	40425.163465	-88.221108	-2.917927	0.962137	-0.000028
2017-1-1_15:00:40	13003.454655	40444.364182	-88.221568	-2.919282	0.957933	-0.000018
2017-1-1_15:01:00	12945.055475	40463.480797	-88.221843	-2.920631	0.953727	-0.000009
2017-1-1_15:01:20	12886.629376	40482.513272	-88.221934	-2.921974	0.949519	0.000000
2017-1-1_15:01:40	12828.176478	40501.461569	-88.221840	-2.923311	0.945309	0.000009
2017-1-1_15:02:00	12769.696904	40520.325651	-88.221562	-2.924642	0.941098	0.000019

图 4-77　仿真输出 txt 文件

在不改变速度方向的条件下，将速度变为 1974.99m/s，通过比例计算可知，应该在下午 15 时施加的速度脉冲为 [1042，−345，0]m/s。同样，在卫星 1 到达指定经度变为圆轨道时，施加的速度脉冲方向应与此脉冲相反，大小为 [−1042，345，0]m/s。

（2）点击菜单栏"窗口"中的"指令窗口显示"选项卡，软件下方会弹出指控命令对话框，点击"添加指令"按钮，即可弹出"指控命令"设置窗口，与前述案例相同。

（3）添加变轨指令。首先，输入第一条变轨指令的详细信息，包括执行时间、指令 ID（随意设置，不与其他重复即可）、指令参数（J2000 坐标系下各方向的速度增量，注意这一步要使用英文逗号隔开，中文逗号无法识别），点击"指令"按钮，选择 62 号"速度增量变轨"选项，点击"装备名称"按钮，选择 SAT_1，如图 4-78 所示。用同样方法添加第二条变轨指令。指令添加完毕后，指控命令栏显示所有指令的详细信息，如发现错误，可以选中该条指令，点击"删除指令"，再点击"添加指令"重新添加。指令无误即可开始仿真。指控命令栏显示的指令如图 4-79 所示。

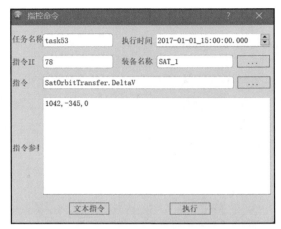

图 4-78　添加指控命令对话框

	任务名称	执行时间	指令名称	指令类型	装备名	命令集
1	task22	2017-01-01_15:00:0...	速度增量变轨	SatOrbitTransfer.Del...	SAT_1	1042,-345,0
2	task23	2017-01-02_02:58:0...	速度增量变轨	SatOrbitTransfer.Del...	SAT_1	-1042,345,0

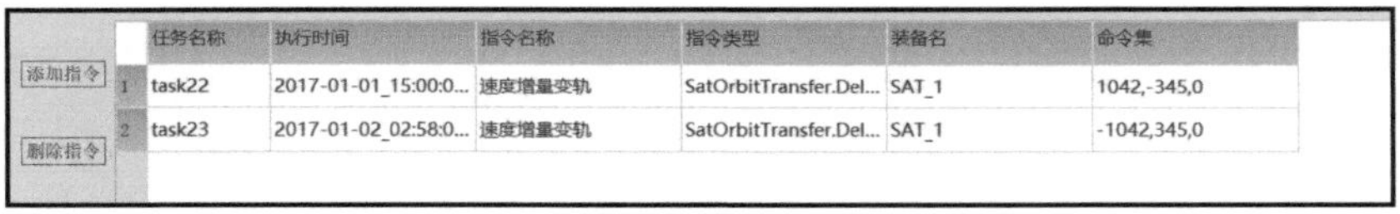

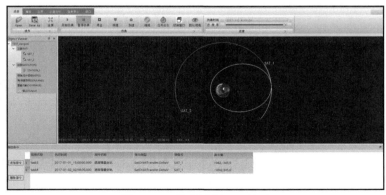

图 4-79　指控命令栏显示的指令

4）仿真运行

点击菜单栏“场景”中的“开始仿真”按钮，可在 3D 视窗中观察到整个动态仿真过程。当变轨指令被触发后，“指控命令”窗中的该条指令会变为绿色。仿真过程 3D 显示如图 4-80 所示。最终变轨成功，卫星 1 和地面站 2 经度相同。

图 4-80　仿真过程 3D 显示

仿真过程中也可打开 2D 视窗，观察星下点位置变化，最终可以明显看到经度相同。仿真过程 2D 显示如图 4-81 所示。

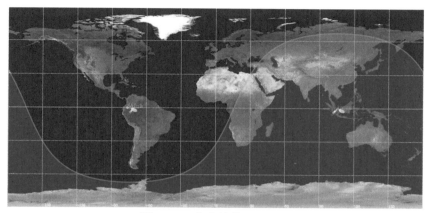

图 4-81 仿真过程 2D 显示

4.5.5 双椭圆变轨仿真

1. 问题假设

2017 年 1 月 1 日 12 时，根据任务要求，需要将一颗运行在半径为 7000km 的圆轨道的卫星转移到轨道半径为 120000km 的圆轨道，轨道倾角恒为 0°，转移轨道远心点距离要求为 150000km。卫星在当日 12 时位于默认坐标系，即 J2000 坐标系 X 轴正向，速度沿 Y 轴正方向。

2. 需求分析与仿真设计

设 r_1=7000km、r_A=150000km、r_2=120000km，由 $\dfrac{r_2}{r_1} > 15.8$ 可知，该案例双椭圆过渡比霍曼过渡更节省能量，因此该案例采用三脉冲过渡而不是二脉冲过渡。双椭圆变轨原理如图 4-82 所示。

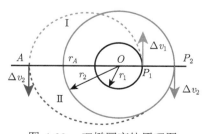

图 4-82 双椭圆变轨原理图

1）初始卫星轨道参数

令 $a_1 = r_1 = 7000\mathrm{km}$，第一次变轨前速度大小为 $v_1 = \sqrt{\dfrac{\mu}{r_1}} = 7546.05\mathrm{m/s}$，方向为 $+Y$ 方向，在坐标系中表示为 $[0，7546.05，0]\mathrm{m/s}$。

轨道周期 $T_1 = 2\pi\sqrt{\dfrac{a_1^3}{\mu}} = 5828.52\mathrm{s}$。

2）第一次变轨后轨道参数

初位置 $r_1 = 7000\mathrm{km}$，末位置 $r_A = 150000\mathrm{km}$，则

$$a_2 = \frac{r_1 + r_A}{2} = 78500\mathrm{km}$$

$$T_2 = 2\pi\sqrt{\frac{a_2^3}{\mu}} = 218884.73\mathrm{s}$$

由速度公式，即

$$\frac{v^2}{2} - \frac{\mu}{r} = -\frac{\mu}{2a}$$

可以得到第一次变轨后初位置速度的大小为 $v_1' = 10431.11\mathrm{m/s}$，在坐标系中表示为 $[0，10431.11，0]\mathrm{m/s}$；末位置速度大小为 $v_2 = 486.79\mathrm{m/s}$，在坐标系中表示为 $[0，-486.79，0]\mathrm{m/s}$。

第一次速度脉冲为 $\Delta \boldsymbol{v}_1 = \boldsymbol{v}_1' - \boldsymbol{v}_1 = [0，2885.06，0]\mathrm{m/s}$。

3）第二次变轨后轨道参数

初位置 $r_A = 150000\mathrm{km}$，末位置 $r_2 = 120000\mathrm{km}$，则

$$a_3 = \frac{r_2 + r_A}{2} = 135000\mathrm{km}$$

$$T_3 = 2\pi\sqrt{\frac{a_3^3}{\mu}} = 493641.47\mathrm{s}$$

由速度公式可得第二次变轨后初位置速度大小为 $v_2' = 1536.90\mathrm{m/s}$，在坐标系中表示为 $[0，-1536.90，0]\mathrm{m/s}$；末位置速度大小为 $v_3 = 1921.13\mathrm{m/s}$，在坐标系中表示为 $[0，1921.13，0]\mathrm{m/s}$。

第二次脉冲大小为 $\Delta \boldsymbol{v}_2 = \boldsymbol{v}_2' - \boldsymbol{v}_2 = [0，-1050.11，0]\mathrm{m/s}$。

4）第三次变轨后轨道参数

$a_4 = r_2 = 120000$km，则变轨后初位置速度大小为 $v_3' = 1822.55$m/s，在坐标系中可以表示为 $[0, 1822.55, 0]$m/s。

第三次脉冲大小为 $\Delta \boldsymbol{v}_3 = \boldsymbol{v}_3' - \boldsymbol{v}_3 = [0, -98.58, 0]$m/s。

双椭圆变轨参数如表 4-5 所示。

表 4-5 双椭圆变轨参数

历元 UTC 时刻	事件	速度增量矢量/(m/s)
2017.1.1 11:00:00.000	仿真开始	—
2017.1.1 12:00:00.000	第一次速度脉冲	[0, 2885.06, 0]
2017.1.2 18:24:02.365	第二次速度脉冲	[0, −1050.11, 0]
2017.1.5 14:57:43.100	第三次速度脉冲	[0, −98.58, 0]

3. 仿真操作流程

1）创建新场景

（1）打开 SpaceSim 软件，点击"新建场景"，输入场景名称 Shuangtuoyuan。

（2）为了观察第一次变轨的效果，使仿真结果更加清晰，我们选择仿真开始时间为 UTC 2017/1/01_11:00:00，这需要计算相关周期，因此设置卫星初始位置参数，以便卫星能够准时运行到预定地点进行变轨。仿真结束时间为 UTC 2017/1/07_00:00:00，点击"OK"完成。仿真场景初始设置如图 4-83 所示。步长越短，得到的结果越精确。

图 4-83 仿真场景初始设置

2）添加卫星

（1）在菜单栏点击"模型"，选择"添加卫星"，在弹出的卫星设置对话框内，选中"轨道参数"选项卡，选择高精度轨道，修改半长轴为 7000km，修改平近点角为 137.65° 调整卫星在圆轨道上的位置，使卫星在 12 时到达 +X 轴方向。卫星 1 轨道参数设置如图 4-84 所示。

图 4-84   卫星 1 轨道参数设置

（2）在卫星设置对话框内，选中"模型显示参数"选项卡。为方便对比，将卫星 1 的轨道颜色改为黄色，点击"确定"，卫星 SAT_1 被添加到程序中，调试时可以勾选"三维视窗显示坐标"显示卫星的实时位置。

（3）为了显示直观，再添加一颗卫星在末位置轨道上。若最后轨道重合表示仿真正确。用同样的方法将半长轴设置为 120000km，其他参数保持默认。卫星 2 轨道参数设置如图 4-85 所示。轨道颜色设置为红色，卫星 SAT_2 被添加到程序中。

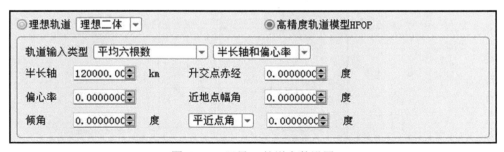

图 4-85   卫星 2 轨道参数设置

3）添加变轨指令

指令添加方式及输出方式与上述案例相同。首先，输入第一条变轨指令，对话框如图 4-86 所示。用同样方法添加其余几条变轨指令，指令添加完毕后，指控命令栏显示指令的详细信息，如图 4-87 所示。

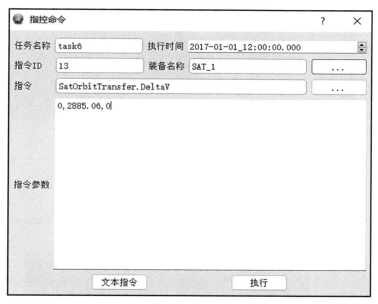

图 4-86 添加指控命令对话框

	任务名称	执行时间	指令名称	指令类型	装备名	命令集
1	task6	2017-01-01_12:00:0...	速度增量变轨	SatOrbitTransfer.Del...	SAT_1	0,2885.06,0
2	task18	2017-01-02_18:24:0...	速度增量变轨	SatOrbitTransfer.Del...	SAT_1	0,-1050.11,0
3	task19	2017-01-05_14:57:4...	速度增量变轨	SatOrbitTransfer.Del...	SAT_1	0,-98.58,0

图 4-87 指控命令栏显示的指令

4）仿真运行

点击菜单栏"场景"中的"开始仿真"按钮，可在 3D 视窗中观察到整个动态仿真过程，当变轨指令被触发后，"指控命令"窗中的该条指令会变为绿色。仿真过程 3D 显示如图 4-88 所示。

仿真过程中也可打开 2D 视窗，观察星下点位置变化。仿真过程 2D 显示如图 4-89 所示。

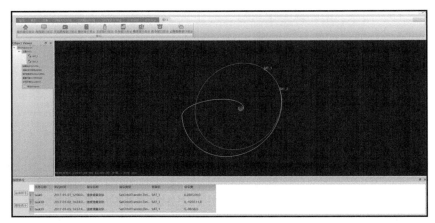

图 4-88　仿真过程 3D 显示

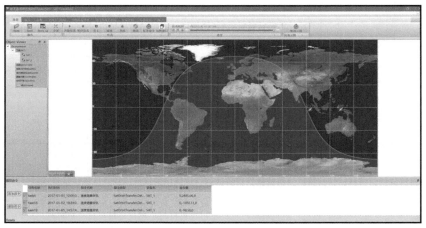

图 4-89　仿真过程 2D 显示

4.5.6　异面轨道转移仿真

1. 问题假设

设某颗卫星停泊在离地面 200km 的近地圆轨道上，轨道倾角为 30°，在赤道面以北按逆时针转动。轨道面与赤道面交线为软件默认坐标系（J2000 坐标系）的 X 轴，即地心朝向春分点方向。2017 年 1 月 1 日 12 时，卫星位于赤道面内 X 轴正方向，现要将其送入地球同步静止轨道，但是不对入轨后卫星星下点所在的经度做要求。

2. 需求分析与仿真设计

根据题目要求，卫星入轨需要进行两次变轨，第一次变轨进入近地点高度为 200km，远地点高度为 35786km 的转移轨道，第二次变轨为卫星在转移轨道运行半个周期后，在轨道远地点处对卫星施加速度脉冲，从而转移为目标轨道，也就是地球同步静止轨道。为了方便表示调整轨道倾角的过程，我们将第二次变轨拆分为两次变轨，第一次变轨将转移轨道转变为倾角为 30° 的地球同步轨道，第二次变轨为调整轨道倾角，将地球同步轨道转变为地球同步静止轨道。

1) 初始卫星轨道参数

$r_1 = a_1 = 200 + 6378 = 6578\text{km}$，　地球半径 + 轨道高度

$$T_1 = 2\pi\sqrt{\frac{r_1^3}{\mu}} = 5309.5\text{s}$$

对于圆轨道，$v = \sqrt{\frac{\mu}{r_1}} = 7784.34\text{m/s}$。

在赤道面上，X 轴正方向处速度大小为 v，由于轨道倾角为 30°，因此空间坐标系下的速度可以表示为 $[0，6741.44，3892.17]\text{m/s}$。

2) 第一次变轨后卫星轨道参数

$r_1 = 6378 + 200 = 6578\text{km}$，　地球半径 + 轨道高度

$r_2 = 6378 + 35786 = 42164\text{km}$，　地球半径 + 轨道高度

因此

$$a_2 = \frac{r_1 + r_2}{2} = 24371\text{km}$$

$$T_2 = 2\pi\sqrt{\frac{a_2^3}{\mu}} = 37863.5\text{s}$$

该轨道在赤道面上 X 轴正方向的速度可由速度公式求得，速度大小为 10238.97 m/s，由于轨道倾角为 30°，因此空间坐标系下的速度可以表示为 $[0, 8867.21, 5119.48]$ m/s。

因此，第一次变轨速度脉冲为

$[0，8867.21，5119.48] - [0，6741.44，3892.17] = [0，2125.77，1227.31]\text{m/s}$

转移轨道在 X 轴负方向的速度也可由速度公式求得，在空间坐标系下 X 轴负方向的速度可以表示为 $[0，-1383.37，-798.69]\text{m/s}$。

3) 第二次变轨后卫星轨道参数

$$a_3 = r_2 = 6378 + 35786 = 42164\text{km}$$

$$T_3 = 2\pi\sqrt{\frac{a_3^3}{\mu}} = 86163.57\text{s}$$

由于同步轨道为圆轨道，卫星速度大小为

$$v = \sqrt{\frac{\mu}{a_3}} = 3074.67\text{m/s}$$

由于轨道倾角为 30°，因此在空间坐标系下，X 轴负方向的速度可以表示为
[0，−2662.74，−1537.34]m/s。因此，第二次变轨速度脉冲为

[0，−2662.74，−1537.34]−[0，−1383.37，−798.69]= [0，−1279.37，−738.65]m/s

4）第三次变轨后卫星轨道参数

速度大小与改变倾角前相同。为了方便表示轨道转移过程，这次变轨设置在卫星运行一个周期后 X 轴的负方向进行。

由于轨道倾角为 0°，空间坐标系下的速度可以表示为 [0，−3074.67，0]m/s，因此第三次变轨速度脉冲为

[0，−3074.67，0]−[0，−2662.74，−1537.34] =[0，−411.93，1537.34]m/s

异面变轨参数如表 4-6 所示。

表 4-6　异面变轨参数

历元 UTC 时刻	事件	速度增量矢量/(m/s)
2017.1.1 10:00:00.000	仿真开始	—
2017.1.1 12:00:00.000	第一次速度脉冲	[0，2125.77，1227.31]
2017.1.1 17:15:31.750	第二次速度脉冲	[0，−1279.37，−738.65]
2017.1.2 17:11:35.570	第三次速度脉冲	[0，−411.93，1537.34]

3. 仿真操作流程

1）创建新场景

（1）打开 SpaceSim 软件，点击"新建场景"，输入场景名称 yimian。

（2）时间参数保持默认，为了观察第一次变轨的效果，使仿真结果更加清晰，我们选择仿真开始时间为 UTC 2017/1/01_10:00:00，这需要我们计算相关周期等，设置卫星初始位置参数，以便卫星准时运行到预定地点。仿真结束时间为 UTC 2017/1/03_10:00:00，点击"OK"完成。仿真场景初始设置如图 4-90 所示。

2）添加卫星

（1）在菜单栏中点击"模型"，选择"添加卫星"，在弹出的卫星设置对话框内，选中"轨道参数"选项卡，选择高精度轨道模型，修改半长轴为 6578km，修改真近点角为 231.82°，调整轨道倾角为 30°，以调整卫星在圆轨道上的位置使卫星在 12 点到达 X 轴正方向。卫星 1 轨道参数设置如图 4-91 所示。

图 4-90　仿真场景初始设置

图 4-91　卫星 1 轨道参数设置

（2）在卫星设置对话框内，选中"模型显示参数"选项卡，便于对比，将卫星 1 的轨道颜色改为黄色，点击确定后，卫星 SAT_1 被添加到程序中，调试时可以勾选"三维视窗显示坐标"，显示卫星实时位置。

（3）为了显示直观，再添加一颗卫星在目标轨道上。若最终轨道与该卫星轨道重合，证明仿真结果正确，选择地球同步静止轨道，初始经度设置为 0°。卫星 2 轨道参数设置如图 4-92所示。轨道颜色设置为红色。卫星 SAT_2 被添加到程序中。

图 4-92   卫星 2 轨道参数设置

3）添加变轨指令

添加变轨指令及添加输出方式同前述案例。首先，输入第一条变轨指令的详细信息，包括执行时间、指令 ID（随意设置，不与其他重复即可）、指令参数（J2000坐标系下各方向的速度增量，注意这一步要使用英文逗号隔开，中文逗号无法识别），点击"指令"按钮，选择 62 号"速度增量变轨"选项，点击"装备名称"按钮，选择 SAT_1。添加指控命令对话框如图 4-93 所示。用同样方法添加余下的变轨指令。

图 4-93   添加指控命令对话框

指令添加完毕后，指控命令栏显示的指令如图 4-94 所示。

指控命令		任务名称	执行时间	指令名称	指令类型	装备名	命令集
添加指令	1	task8	2017-01-01_17:15:3...	速度增量变轨	SatOrbitTransfer.Del...	SAT_1	0,-1279.37,-738.65
删除指令	2	task9	2017-01-02_17:11:3...	速度增量变轨	SatOrbitTransfer.Del...	SAT_1	0,-411.93,1537.34
	3	task12	2017-01-01_12:00:0...	速度增量变轨	SatOrbitTransfer.Del...	SAT_1	0,2125.77,1227.31

图 4-94　指控命令栏显示的指令

4）仿真运行

点击菜单栏"场景"中的"开始仿真"按钮，可在 3D 视窗中观察到整个动态仿真过程，当变轨指令被触发后，"指控命令"窗中的该条指令会变为绿色。轨道主视图与俯视图如图 4-95 和图 4-96 所示。

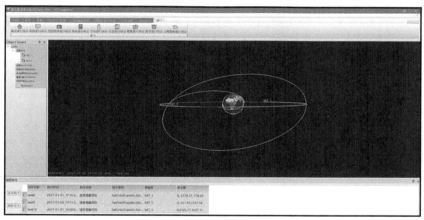

图 4-95　轨道主视图

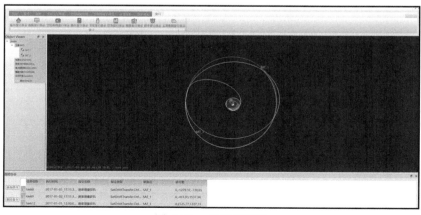

图 4-96　轨道俯视图

仿真过程中也可打开 2D 视窗，观察星下点位置变化。仿真过程 2D 显示如
图 4-97 所示。

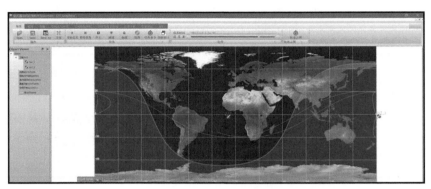

图 4-97   仿真过程 2D 显示

第五章　航天器姿态动力学与控制

5.1　刚体卫星姿态动力学模型

姿态动力学是研究作用力矩与旋转运动参量（姿态角、姿态角速度、姿态角加速度）、运动体的力学特征向量间的运动平衡关系。在推导动力学模型的时候应用三正交反作用飞轮作为执行机构，以动量矩定理为理论依据进行推导[11]。

设 $\boldsymbol{\omega}$ 为星体角速度，飞轮相对星体的角速度为 $\boldsymbol{\omega}_o = [\begin{array}{ccc} \omega_x & \omega_y & \omega_z \end{array}]$，$\boldsymbol{I}$ 为星体与飞轮对点 O 的总转动惯量，星体的转动惯量为 $\boldsymbol{I}_b$，$\boldsymbol{I}_w$ 为飞轮相对卫星质心的转动惯量，即

$$\boldsymbol{I}_w = \left[\begin{array}{ccc} J_x & 0 & 0 \\ 0 & J_y & 0 \\ 0 & 0 & J_z \end{array} \right] \tag{5-1}$$

则星体与飞轮的总动量矩为

$$\boldsymbol{H} = \boldsymbol{I}_b\boldsymbol{\omega} + \boldsymbol{I}_\omega\left(\boldsymbol{\omega} + \boldsymbol{\omega}_o\right) = \boldsymbol{I}\boldsymbol{\omega} + \boldsymbol{I}_\omega\boldsymbol{\omega}_o = \boldsymbol{H}_b + \boldsymbol{H}_w \tag{5-2}$$

求导，由动量矩定理可得

$$\dot{\boldsymbol{H}} = \dot{\boldsymbol{H}}_b + \dot{\boldsymbol{H}}_w = \frac{\mathrm{d}\boldsymbol{H}_b}{\mathrm{d}t} + \boldsymbol{\omega}\boldsymbol{H}_b + \frac{\mathrm{d}\boldsymbol{H}_w}{\mathrm{d}t} + \boldsymbol{\omega}\boldsymbol{H}_w = \boldsymbol{T}_d \tag{5-3}$$

即

$$\frac{\mathrm{d}\boldsymbol{H}_b}{\mathrm{d}t} + \boldsymbol{\omega}(\boldsymbol{H}_b + \boldsymbol{H}_w) = \boldsymbol{T}_d + \boldsymbol{T}_c \tag{5-4}$$

其中，$\boldsymbol{\omega}$ 为三个分量的反对称矩阵 $\boldsymbol{\omega} = \left[\begin{array}{ccc} 0 & -\omega_z & \omega_y \\ \omega_z & 0 & -\omega_x \\ -\omega_y & \omega_x & 0 \end{array} \right]$；$\boldsymbol{T}_c = -\dfrac{\mathrm{d}\boldsymbol{H}_w}{\mathrm{d}t} =$ $[\begin{array}{ccc} T_{xc} & T_{yc} & T_{zc} \end{array}]$ 为飞轮转轴上电机的控制力矩；$\boldsymbol{T}_d$ 为外力矩。

取星体主惯量轴为星体坐标系，惯量阵为对角阵，式 (5-4) 可展开为

$$\begin{aligned} I_x\dot{\omega}_x + (I_z - I_y)\omega_y\omega_z &= T_x \\ I_y\dot{\omega}_y + (I_x - I_z)\omega_x\omega_z &= T_y \\ I_z\dot{\omega}_z + (I_y - I_x)\omega_x\omega_y &= T_z \end{aligned} \tag{5-5}$$

由式(5-2)，略去二阶以上小量，则式(5-2)变为

$$
\begin{bmatrix} \omega_x \\ \omega_y \\ \omega_z \end{bmatrix} = \begin{bmatrix} \dot{\varphi} \\ \dot{\theta} - \omega_o \\ \dot{\psi} \end{bmatrix} \tag{5-6}
$$

将式 (5-6) 代入式 (5-5)，并略去二阶以上小量，得到的线性微分方程为

$$
\begin{cases} I_x\ddot{\varphi} + (I_y - I_z - I_x)\omega_o\dot{\psi} + (I_z - I_y)\omega_o^2\varphi = T_x \\ I_y\ddot{\theta} = T_y \\ I_z\ddot{\psi} + (I_x + I_z - I_y)\omega_o\dot{\varphi} + (I_y - I_x)\omega_o^2\psi = T_z \end{cases} \tag{5-7}
$$

又 $\omega_o^2 \ll 1$，所以式 (5-7) 变为

$$
\begin{cases} I_x\ddot{\varphi} + (I_y - I_z - I_x)\omega_o\dot{\psi} = T_x \\ I_y\ddot{\theta} = T_y \\ I_z\ddot{\psi} + (I_x + I_z - I_y)\omega_o\dot{\varphi} = T_z \end{cases} \tag{5-8}
$$

其中，$\omega_o = \sqrt{\mu/r^3}$，$\mu = 3.986 \times 10^5 \text{km}^3/\text{s}^2$ 为地球引力常数，r 为轨道半径。

由于卫星各轴转动惯量和轨道角速度的存在，滚动与偏航姿态运动呈耦合状态，而俯仰姿态运动可与它们解耦出来。工程上进行姿态控制系统设计，当 I_x、I_y、I_z 接近且 ω_o 很小时，一般对式(5-8)进一步解耦，使姿态控制动力学方程简化成 3 个独立的双积分环节模型来描述。

5.2　柔性航天器姿态动力学模型

工程上建立带有挠性附件的三轴稳定航天器动力学模型的通用方法是，首先用通用的有限元软件，分析和计算挠性附件的振型、频率和耦合系数，把挠性附件方程离散化为一个有限自由度的系统，然后根据挠性附件与中心刚体连接的位置，建立航天器整体有限自由度的动力学模型。

下面介绍如何利用有限元法分析的结果，建立带固定挠性附件的三轴稳定航天器姿态动力学模型，重点介绍基本内容和工程上常用的方法。

对于带固定挠性附件的三轴稳定航天器，柔性航天器动力学模型如图 5-1 所示。其姿态动力学方程包括航天器系统平动方程、航天器系统姿态转动方程、挠性附件弹性变形振动方程。

假设航天器由一个中心刚体 B_0 和 m 个一端与其相连的挠性附件 $B_i(i = 1, 2, \cdots, m)$ 构成。设所有挠性附件均固联在中心星体且相对中心星体没有相对

的转动运动，为叙述方便，引入如下有关动力学参数，$O_I x_I y_I z_I$ 为空间惯性坐标系；$O_s x_b y_b z_b$ 为航天器本体坐标系，原点 O 为挠性附件未变形时航天器整体的质心；$O_{fi} x_{fi} y_{fi} z_{fi}$ 为挠性附件坐标系，原点在附件与星体的连接点 O_i；$\boldsymbol{l}_{pi}$ 为第 i 个挠性附件与星体的连接点相对本体坐标系原点 O 的矢径；$\boldsymbol{r}_{ik}$ 为质量元 m_{ik} 在弹性变形前相对其对应附件坐标系原点 O_i 的矢径；$\boldsymbol{l}_{ik}$ 为质量元 m_{ik} 在弹性变形前相对本体坐标系原点 O 的矢径；$\boldsymbol{u}_{ik}$ 为质量元 m_{ik} 在弹性变形位移矢量；$\boldsymbol{w}_{ik}$ 为质量元 m_{ik} 在弹性变形后相对本体坐标系原点 O 的矢径。

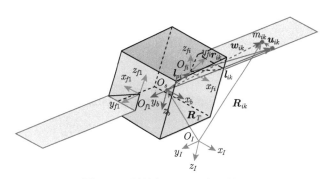

图 5-1　柔性航天器动力学模型

5.2.1　航天器系统平动运动方程

根据上述定义，对于系统中任一质点 m_{ik}，其相对惯性坐标系原点的位置矢量均可表示为

$$\boldsymbol{R}_{ik} = \boldsymbol{R}_T + \boldsymbol{w}_{ik} = \boldsymbol{R}_T + \boldsymbol{l}_{ik} + \boldsymbol{u}_{ik} \tag{5-9}$$

其中，$\boldsymbol{R}_T$ 为本体坐标系原点 O 相对惯性系原点的位置矢量。

对于中心刚体上的质点，弹性变形位移 $\boldsymbol{u}_{ik} = \boldsymbol{0}$。对于挠性附件上的质点，有 $\boldsymbol{l}_{ik} = \boldsymbol{l}_{pi} + \boldsymbol{r}_{ik}$，则对于系统中任一质点 m_{ik}，其在惯性系中的线速度为

$$\frac{\mathrm{d}_I \boldsymbol{R}_{ik}}{\mathrm{d}t} = \frac{\mathrm{d}_I \boldsymbol{R}_T}{\mathrm{d}t} + \frac{\mathrm{d}_B \boldsymbol{w}_{ik}}{\mathrm{d}t} + \boldsymbol{\omega} \boldsymbol{w}_{ik} \tag{5-10}$$

其中，$\boldsymbol{\omega}$ 为航天器的绝对角速度矢量。

假定挠性体变形很小，变形后产生的位移函数为一阶小量，航天器的角速度矢量也可以当作一阶量。

在本体坐标系中，$\boldsymbol{l}_{pi}$ 和 $\boldsymbol{r}_{ik}$ 均为固定值，有 $\dfrac{\mathrm{d}_B \boldsymbol{l}_{ik}}{\mathrm{d}t} = \boldsymbol{0}$，$\dfrac{\mathrm{d}_B \boldsymbol{r}_{ik}}{\mathrm{d}t} = \boldsymbol{0}$，略去

二阶小量，式(5-10)变为

$$\frac{\mathrm{d}_I \boldsymbol{R}_{ik}}{\mathrm{d}t} = \boldsymbol{V}_T + \frac{\mathrm{d}_B \boldsymbol{u}_{ik}}{\mathrm{d}t} + \boldsymbol{\omega}\boldsymbol{l}_{ik} \tag{5-11}$$

其中，$\boldsymbol{V}_T = \dfrac{\mathrm{d}_I \boldsymbol{R}_T}{\mathrm{d}t}$。

整个航天器系统的线动量为

$$\boldsymbol{P} = \sum_{i=0,k} m_{ik}\frac{\mathrm{d}_I \boldsymbol{R}_{ik}}{\mathrm{d}t} + \sum_{i>0,k} m_{ik}\frac{\mathrm{d}_I \boldsymbol{R}_{ik}}{\mathrm{d}t} \tag{5-12}$$

其中，$m_T = \displaystyle\sum_{i,k} m_{ik}$ 为航天器整体的质量。

由于原点 O 是未变形前航天器整体的质心，因此有 $\displaystyle\sum_{i,k} m_{ik}\boldsymbol{l}_{ik} = \boldsymbol{0}$。

由于假设挠性附件相对星本体没有转动运动，因此有

$$\frac{\mathrm{d}_B \boldsymbol{u}_{ik}}{\mathrm{d}t} = \frac{\mathrm{d}_{Ai} \boldsymbol{u}_{ik}}{\mathrm{d}t} \quad \frac{\mathrm{d}_B}{\mathrm{d}t}\left(\frac{\mathrm{d}_{Ai}\boldsymbol{u}_{ik}}{\mathrm{d}t}\right) = \frac{\mathrm{d}^2_{Ai}\boldsymbol{u}_{ik}}{\mathrm{d}t^2} \tag{5-13}$$

则式(5-12)可简化为

$$\boldsymbol{P} = m_T \boldsymbol{V}_T + \sum_{i>0,k} m_{ik}\frac{\mathrm{d}_{Ai}\boldsymbol{u}_{ik}}{\mathrm{d}t} \tag{5-14}$$

根据牛顿第二定律，航天器运动线动量方程的矢量形式为

$$m_T\frac{\mathrm{d}\boldsymbol{V}_T}{\mathrm{d}t} + \sum_{i>0,k} m_{ik}\frac{\mathrm{d}^2_{Ai}\boldsymbol{u}_{ik}}{\mathrm{d}t^2} = \boldsymbol{F} \tag{5-15}$$

假设第 i 个挠性附件 B_i 已用有限元法求得相对挠性附件坐标系的悬臂振型为

$$\boldsymbol{\Phi}_{ik} = \begin{bmatrix} \Phi_{i1}(\boldsymbol{r}_{ik}) & \Phi_{i2}(\boldsymbol{r}_{ik}) & \cdots & \Phi_{in_i}(\boldsymbol{r}_{ik}) \end{bmatrix} \tag{5-16}$$

相应的频率为

$$\begin{bmatrix} \omega_{i1} & \omega_{i2} & \cdots & \omega_{in_i} \end{bmatrix} \tag{5-17}$$

其中，$\boldsymbol{r}_{ik}$ 为第 i 个挠性附件的第 k 个节点相对于挠性附件坐标系原点 O_i 的矢径；n_i 为第 i 个挠性附件的节点总数。

设 N 为振型的截断数，同时假定每个附件的截断数都相同，则 $\boldsymbol{\Phi}_{ik}$ 为 $3 \times N$ 矩阵。假设在第 i 个挠性附件坐标系中，第 k 个节点 $\boldsymbol{r}_{ik}$ 的变形位移为 $\boldsymbol{u}_{ik}$，则根据有限元分析结果，$\boldsymbol{u}_{ik}$ 在挠性附件坐标系下的分量列阵可表示为

$$(\boldsymbol{u}_{ik})_{A_i} = \boldsymbol{\Phi}_{ik}\boldsymbol{\eta}_i(t) \tag{5-18}$$

其中，$\boldsymbol{\eta}_i(t)$ 为第 i 个挠性附件的模态坐标，即

$$\boldsymbol{\eta}_i(t) = \begin{bmatrix} \eta_{i1}(t) & \eta_{i2}(t) & \cdots & \eta_{in}(t) \end{bmatrix}^{\mathrm{T}} \tag{5-19}$$

设 $\boldsymbol{C}_{BAi}$ 为坐标系 $O_i x_i y_i z_i$ 到 $Oxyz$ 的坐标变换矩阵，则式 (5-18) 在本体坐标系中的矩阵形式可以写为

$$m_T \left(\frac{\mathrm{d}\boldsymbol{V}_T}{\mathrm{d}t}\right)_B + \sum_{i,k} m_{ik} \boldsymbol{C}_{BAi} \boldsymbol{\Phi}_{ik} \ddot{\boldsymbol{\eta}}_i(t) = \boldsymbol{F}_B \tag{5-20}$$

定义

$$\boldsymbol{B}_{\mathrm{tran}i} = \sum_{i\,k} m_{ik} \boldsymbol{C}_{BAi} \boldsymbol{\Phi}_{ik} = \boldsymbol{C}_{BAi} \boldsymbol{B}_{\mathrm{tran}}^i \tag{5-21}$$

其中，$\boldsymbol{B}_{\mathrm{tran}}^i$ 为第 i 个挠性附件在坐标系 $O_i x_i y_i z_i$ 中相对于 O_i(即刚体与挠性附件连接点) 的平动耦合系数，可以由有限元分析结果提供，即

$$\boldsymbol{B}_{\mathrm{tran}}^i = \sum_k m_{ik} \boldsymbol{\Phi}_{ik} \tag{5-22}$$

则

$$m_T \left(\frac{\mathrm{d}\boldsymbol{V}_T}{\mathrm{d}t}\right)_B + \sum_{i,k} \boldsymbol{B}_{\mathrm{tran}i} \ddot{\boldsymbol{\eta}}_i(t) = \boldsymbol{F}_B \tag{5-23}$$

其中，$\boldsymbol{B}_{\mathrm{tran}i}$ 为 $3 \times N$ 矩阵，称为第 i 个挠性附件相对于本体坐标系的平动耦合系数。

5.2.2 航天器系统转动运动方程

设 $\boldsymbol{H}^O$ 为系统相对于 O 点的视角动量，$\boldsymbol{T}^c$ 为外力关于系统质心的外力矩和，若挠性附件变形后系统质心相对本体坐标系的偏移量和加速度很小，则基于任意基准点的多质点系统角动量方程中的 $m\boldsymbol{r}_c \times \ddot{\boldsymbol{r}}_c$ 可忽略不计，则角动量方程为

$$\boldsymbol{T}^c \approx \frac{\mathrm{d}_I \boldsymbol{H}^O}{\mathrm{d}t}$$

$$= \frac{\mathrm{d}_I}{\mathrm{d}t} \left(\sum_{i,k} m_{ik} \boldsymbol{w}_{ik} \times \frac{\mathrm{d}_I \boldsymbol{w}_{ik}}{\mathrm{d}t} \right)$$

$$= \frac{\mathrm{d}_I}{\mathrm{d}t} \left[\sum_{i=0,k} m_{ik} \boldsymbol{l}_{ik} \times (\boldsymbol{\omega} \times \boldsymbol{l}_{ik}) \right] + \frac{\mathrm{d}_I}{\mathrm{d}t} \left[\sum_{i>0,k} m_{ik} (\boldsymbol{l}_{pi} + \boldsymbol{r}_{ik}) \right]$$

$$\times \left[\frac{\mathrm{d}_{Ai} \boldsymbol{u}_{ik}}{\mathrm{d}t} + \boldsymbol{\omega} \times (\boldsymbol{l}_{pi} + \boldsymbol{r}_{ik}) \right] \tag{5-24}$$

其中，第一项为中心刚体对应的影响项；第二项为挠性部件对应的影响项。

假定 $\boldsymbol{u}_{ik}$、$\boldsymbol{\omega}$ 和 $\dot{\boldsymbol{\omega}}$ 均为一阶小量，由式 (5-24) 可得角动量方程，即

$$\boldsymbol{T}^c = \sum_{i,k} m_{ik} \boldsymbol{l}_{ik} \times (\dot{\boldsymbol{\omega}} \times \boldsymbol{l}_{ik}) + \boldsymbol{\omega} \times \sum_{i,k} m_{ik} \left[\boldsymbol{l}_{ik} \times (\boldsymbol{\omega} \times \boldsymbol{l}_{ik}) \right]$$

$$+ \sum_{i>0,k} m_{ik} (\boldsymbol{l}_{pi} + \boldsymbol{r}_{ik}) \times \frac{\mathrm{d}_{Ai}^2 \boldsymbol{u}_{ik}}{\mathrm{d}t^2} + \boldsymbol{\omega} \times \sum_{i>0,k} m_{ik} (\boldsymbol{l}_{pi} + \boldsymbol{r}_{ik}) \times \frac{\mathrm{d}_{Ai} \boldsymbol{u}_{ik}}{\mathrm{d}t}$$

$$\tag{5-25}$$

式 (5-24) 在航天器本体坐标系下的矩阵为

$$\boldsymbol{T}^c = \boldsymbol{I}_T \dot{\boldsymbol{\omega}} + \boldsymbol{\omega}^\times \boldsymbol{I}_T \dot{\boldsymbol{\omega}} + \sum_{i>0,k} m_{ik} \left(\boldsymbol{l}_{pi}^\times \boldsymbol{C}_{BAi} + \boldsymbol{C}_{BAi} (\boldsymbol{r}_{ik})_{Ai}^\times \right) \left(\frac{\mathrm{d}_{Ai}^2 \boldsymbol{u}_{ik}}{\mathrm{d}t^2} \right)_{Ai}$$

$$+ \boldsymbol{\omega}^\times \sum_{i>0,k} m_{ik} \left(\boldsymbol{l}_{pi}^\times \boldsymbol{C}_{BAi} + \boldsymbol{C}_{BAi} (\boldsymbol{r}_{ik})_{Ai}^\times \right) \left(\frac{\mathrm{d}_{Ai} \boldsymbol{u}_{ik}}{\mathrm{d}t} \right)_{Ai} \tag{5-26}$$

其中，$(*)_{Ai}$ 表示矢量在挠性附件坐标系 $O_i x_i y_i z_i$ 中的分量列阵。

把式 (5-23) 代入式 (5-26)，再利用有限元分析结果，可得

$$\boldsymbol{T}^c = \boldsymbol{I}_T \dot{\boldsymbol{\omega}} + \boldsymbol{\omega}^\times \boldsymbol{I}_T \dot{\boldsymbol{\omega}} + \sum_{i=1}^{m} \sum_{k=1}^{n_i} m_{ik} \left(\boldsymbol{l}_{pi}^\times \boldsymbol{C}_{BAi} + \boldsymbol{C}_{BAi} (\boldsymbol{r}_{ik})_{Ai}^\times \right) \boldsymbol{\Phi}_{ik} \ddot{\boldsymbol{\eta}}_i(t)$$

$$+ \boldsymbol{\omega}^\times \sum_{i=1}^{m} \sum_{k=1}^{n_i} m_{ik} \left(\boldsymbol{l}_{pi}^\times \boldsymbol{C}_{BAi} + \boldsymbol{C}_{BAi} (\boldsymbol{r}_{ik})_{Ai}^\times \right) \boldsymbol{\Phi}_{ik} \dot{\boldsymbol{\eta}}_i(t)$$

注意，$(\boldsymbol{r}_{ik})_{Ai}^\times$ 是矢量 $\boldsymbol{r}_{ik}$ 在挠性附件坐标系 $O_i x_i y_i z_i$ 中的分量列阵，定义

$$\boldsymbol{B}_{\mathrm{roti}} = \sum_k m_{ik} \left(\boldsymbol{l}_{pi}^\times \boldsymbol{C}_{BAi} + \boldsymbol{C}_{BAi} (\boldsymbol{r}_{ik})_{Ai}^\times \right) \boldsymbol{\Phi}_{ik}$$

$$= l_{pi}^{\times} \boldsymbol{B}_{\text{trani}} + \boldsymbol{C}_{BAi} \boldsymbol{B}_{\text{rot}}^{i} \tag{5-27}$$

其中，$\boldsymbol{B}_{\text{rot}}^{i}$ 为第 i 个挠性附件在 $O_i x_i y_i z_i$ 坐标系中相对于 O_i (即刚体与挠性附件连接点) 的转动耦合系数，由有限元分析结果提供，即

$$\boldsymbol{B}_{\text{rot}}^{i} = \sum_{k=1}^{n_i} m_{ik} \left(\boldsymbol{r}_{ik} \right)_{Ai}^{\times} \boldsymbol{\Phi}_{ik} \tag{5-28}$$

利用式 (5-28)，式 (5-27) 可改写为

$$\boldsymbol{T}^c = \boldsymbol{I}_T \dot{\boldsymbol{\omega}} + \boldsymbol{\omega}^{\times} \left(\boldsymbol{I}_T \dot{\boldsymbol{\omega}} + \sum_{i=1}^{m} \boldsymbol{B}_{\text{rot}i} \dot{\boldsymbol{\eta}}_i \left(t \right) \right) + \sum_{i=1}^{m} \boldsymbol{B}_{\text{rot}i} \ddot{\boldsymbol{\eta}}_i \left(t \right) \tag{5-29}$$

其中，$\boldsymbol{B}_{\text{rot}i}$ 为第 i 个挠性附件相对于本体坐标系 $Oxyz$ 的转动耦合系数矩阵。

式(5-29)即航天器的角动量方程，由此可得挠性附件的运动方程，即

$$\ddot{\boldsymbol{\eta}}_i + \boldsymbol{\Lambda}_i^2 \boldsymbol{\eta}_i + \boldsymbol{B}_{\text{trani}} \dot{\boldsymbol{V}}_{\text{T}} + \boldsymbol{B}_{\text{rot}i}^{\text{T}} \dot{\boldsymbol{\omega}} = 0, \quad i = 1, 2, \cdots, m \tag{5-30}$$

把式 (5-24)、式 (5-29) 和式 (5-30) 归纳在一起，即可得到航天器姿态动力学方程，即

$$\begin{cases} m_T \dot{\boldsymbol{V}}_T + \sum_i \boldsymbol{B}_{\text{trani}} \ddot{\boldsymbol{\eta}}_i(t) = \boldsymbol{F} \\ \boldsymbol{I}_T \dot{\boldsymbol{\omega}} + \boldsymbol{\omega}^{\times} \left(\boldsymbol{I}_T \boldsymbol{\omega} + \sum_{i=1}^{m} \boldsymbol{B}_{\text{rot}i} \dot{\boldsymbol{\eta}}_i \left(t \right) \right) + \sum_{i=1}^{m} \boldsymbol{B}_{\text{rot}i} \ddot{\boldsymbol{\eta}}_i \left(t \right) = \boldsymbol{T}^c \\ \ddot{\boldsymbol{\eta}}_i + \boldsymbol{\Lambda}_i^2 \boldsymbol{\eta}_i + \boldsymbol{B}_{\text{trani}}^{\text{T}} \dot{\boldsymbol{V}}_{\text{T}} + \boldsymbol{B}_{\text{rot}i}^{\text{T}} \dot{\boldsymbol{\omega}} = 0 \end{cases} \tag{5-31}$$

考虑挠性附件的结构阻尼 ζ_i，则式(5-31)可写为

$$\begin{cases} m_T \dot{\boldsymbol{V}}_T + \sum_i \boldsymbol{B}_{\text{trani}} \ddot{\boldsymbol{\eta}}_i \left(t \right) = \boldsymbol{F} \\ \boldsymbol{I}_T \dot{\boldsymbol{\omega}} + \boldsymbol{\omega}^{\times} \left(\boldsymbol{I}_T \boldsymbol{\omega} + \sum_{i=1}^{m} \boldsymbol{B}_{\text{rot}i} \dot{\boldsymbol{\eta}}_i \left(t \right) \right) + \sum_{i=1}^{m} \boldsymbol{B}_{\text{rot}i} \ddot{\boldsymbol{\eta}}_i \left(t \right) = \boldsymbol{T} \\ \ddot{\boldsymbol{\eta}}_i + 2 \boldsymbol{\zeta}_i \boldsymbol{\Lambda}_i \boldsymbol{\eta}_i + \boldsymbol{\Lambda}_i^2 \boldsymbol{\eta}_i + \boldsymbol{B}_{\text{trani}}^{\text{T}} \dot{\boldsymbol{V}}_{\text{T}} + \boldsymbol{B}_{\text{rot}i}^{\text{T}} \dot{\boldsymbol{\omega}} = 0 \end{cases} \tag{5-32}$$

定义

$$\boldsymbol{m} = m_T \boldsymbol{E}_3 - \sum_{i=1}^{m} \boldsymbol{B}_{\text{trani}} \boldsymbol{B}_{\text{trani}}^{\text{T}} \tag{5-33}$$

其中，m 为中心刚体的质量矩阵；$\boldsymbol{B}_{\mathrm{tran}i}\boldsymbol{B}_{\mathrm{tran}i}^{\mathrm{T}}$ 为第 i 个挠性附件相对 O 点的惯量矩阵。

定义

$$\boldsymbol{I}^* = \boldsymbol{I}^{\mathrm{T}} - \sum_{i=1}^{m} \boldsymbol{B}_{\mathrm{rot}i}\boldsymbol{B}_{\mathrm{rot}i}^{\mathrm{T}} \tag{5-34}$$

其中，$\boldsymbol{I}^*$ 为中心刚体的惯量矩阵。

式(5-33)和式(5-34)还给出了被截去的振型对航天器质量特性影响的估计。

从式(5-32)中的第三个方程解出 $\ddot{\boldsymbol{\eta}}_i$，代入前两个方程，利用式(5-33)和式(5-34)可得

$$\begin{cases} m_T\dot{\boldsymbol{V}}_T - \left(\sum_{i=1}^{m}\boldsymbol{B}_{\mathrm{tran}i}\boldsymbol{B}_{\mathrm{tran}i}^{\mathrm{T}}\right)\dot{\boldsymbol{\omega}} - \sum_i \boldsymbol{B}_{\mathrm{tran}i}\left(2\boldsymbol{\xi}_i\boldsymbol{\varLambda}_i\dot{\boldsymbol{\eta}}_i + \boldsymbol{\varLambda}_i^2\dot{\boldsymbol{\eta}}_i\right) = \boldsymbol{F} \\[2mm] \boldsymbol{I}^*\dot{\boldsymbol{\omega}} - \left(\sum_{i=1}^{m}\boldsymbol{B}_{\mathrm{tran}i}\boldsymbol{B}_{\mathrm{tran}i}^{\mathrm{T}}\right)\dot{\boldsymbol{V}}_T + \boldsymbol{\omega}^{\times}\left(\boldsymbol{I}_T\boldsymbol{\omega} + \sum_{i=1}^{m}\boldsymbol{B}_{\mathrm{rot}i}\boldsymbol{\eta}_i\left(t\right)\right) \\[2mm] \quad - \sum_{i=1}^{m}\boldsymbol{B}_{\mathrm{rot}i}\left(2\boldsymbol{\xi}_i\boldsymbol{\varLambda}_i\dot{\boldsymbol{\eta}}_i + \boldsymbol{\varLambda}_i^2\dot{\boldsymbol{\eta}}_i\right) = \boldsymbol{T}^c \\[2mm] \ddot{\boldsymbol{\eta}}_i + 2\boldsymbol{\xi}_i\boldsymbol{\varLambda}_i\dot{\boldsymbol{\eta}}_i + \boldsymbol{\varLambda}_i^2\boldsymbol{\eta}_i + \boldsymbol{B}_{\mathrm{tran}i}^{\mathrm{T}}\boldsymbol{V}_T + \boldsymbol{B}_{\mathrm{rot}i}^{\mathrm{T}}\dot{\boldsymbol{\omega}} = \boldsymbol{0} \end{cases} \tag{5-35}$$

若只关心航天器的转动运动，则可根据式 (5-35) 的前两个方程消去 $\dot{\boldsymbol{V}}_T$，得到关于 $\dot{\boldsymbol{\omega}}$ 和 $\ddot{\boldsymbol{q}}_i$ 的方程。

若航天器配备飞轮系统，设其合成的角动量 (相对于星体) 为 $\dot{\boldsymbol{h}}$，则与式(5-32)相应的动力学方程为

$$\begin{cases} m_T\dot{\boldsymbol{V}}_T + \sum_i \boldsymbol{B}_{\mathrm{tran}i}\ddot{\boldsymbol{\eta}}_i\left(t\right) = \boldsymbol{F} \\[2mm] \boldsymbol{T} = \boldsymbol{I}_T\dot{\boldsymbol{\omega}} + \dot{\boldsymbol{h}} + \boldsymbol{\omega}^{\times}\left(\boldsymbol{I}_T\boldsymbol{\omega} + \boldsymbol{h} + \sum_{i=1}^{m}\boldsymbol{B}_{\mathrm{rot}i}\dot{\boldsymbol{\eta}}_i\left(t\right)\right) + \sum_{i=1}^{m}\boldsymbol{B}_{\mathrm{rot}i}\ddot{\boldsymbol{\eta}}_i\left(t\right) \\[2mm] \ddot{\boldsymbol{\eta}}_i + 2\zeta_i\boldsymbol{\varLambda}_i\boldsymbol{\eta}_i + \boldsymbol{\varLambda}_i^2\boldsymbol{\eta}_i + \boldsymbol{B}_{\mathrm{tran}i}^{\mathrm{T}}\dot{\boldsymbol{V}}_T + \boldsymbol{B}_{\mathrm{rot}i}^{\mathrm{T}}\dot{\boldsymbol{\omega}} = \boldsymbol{0} \end{cases} \tag{5-36}$$

5.3　航天器姿态控制系统设计

设刚体卫星姿态动力学模型为

$$\begin{cases} I_x\ddot{\varphi} + (I_y - I_z - I_x)\omega_o\dot{\psi} = T_x \\ I_y\ddot{\theta} = T_y \\ I_z\ddot{\psi} + (I_x + I_z - I_y)\omega_o\dot{\varphi} = T_z \end{cases} \tag{5-37}$$

可以看出，俯仰通道是解耦的，滚动偏航通道有耦合。因此，问题可以简化为俯仰控制和耦合的滚动偏航控制。

5.3.1 俯仰姿态的控制器设计与仿真

刚体卫星俯仰通道姿态动力学方程为

$$I_y \ddot{\theta} = T_y \tag{5-38}$$

由此可知，若卫星姿态因干扰偏离平衡状态，则需要施加控制使它回复到原平衡位置。若存在持续干扰，它将继续以一定的规律偏离平衡位置。

按控制系统设计方法，最简便的控制规律就是采用姿态角反馈加姿态角速度反馈，即典型的二阶系统。其中，姿态角速度反馈能够反映误差信号的变化速度，提高系统灵敏度。在作用误差变得很大之前，产生一个提前性的修偏，可有效地增加系统稳定性。不过这种微分控制律不能单独使用，因为它只在暂态过程中起作用，当系统进入稳态时，偏差信号不变化，微分控制不起作用，此时相当于信号断路，控制系统将无法正常工作。另外，它虽然具有预见信号变化趋势的优点，但是具有易于放大噪声的缺点。

PD（proportional plus derivative，比例微分）控制是卫星典型的控制方式，设控制律为

$$K_y(s) = K_P + K_D s \tag{5-39}$$

其中，K_P 和 K_D 分别为比例导数和微分系数。

被控对象和控制器组成闭环方框图如 5-2 所示，可得

$$\theta(s) = \frac{1}{I_y s^2 + K_D s + K_P} T_d(s) = \frac{\omega_n{}^2}{s^2 + 2\xi\omega_n s + \omega_n{}^2} \frac{T_d(s)}{K_P} \tag{5-40}$$

其中，闭环传递函数化为典型的二阶环节；ω_n 为无阻尼自振频率；ξ 为阻尼比；推导得 $\omega_n = \sqrt{\dfrac{K_P}{I_y}}$；$\xi = \dfrac{K_D}{2\sqrt{K_P I_y}}$。

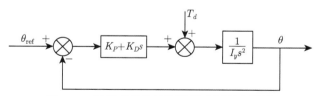

图 5-2 被控对象和控制器组成闭环方框图

取 $\dfrac{T_d(s)}{K_P}$ 为单位阶跃信号，当 $\xi = \dfrac{1}{\sqrt{2}}$ 时，超调量 $\sigma = 4\%$，调节时间 $t_s = \dfrac{4}{\xi\omega_n}$。若给定调节时间和 I_y，可选取出 K_P 和 K_D 的值。实际控制系统的设计要复杂些，这是由于要计入姿态确定系统的惯性和执行机构的惯性。

已知俯仰通道转动惯量 $I_y = 1961.1969 \text{kgm}^2$，取调节时间 $t_s = 20\text{s}$，则 $\omega_n = 0.2828$，由此可得 $K_P = 156.8484$、$K_D = 784.2419$。

系统开环传递函数为

$$G_{y0}(s) = \frac{K_P + K_D s}{I_y s^2} = \frac{784.2419s + 156.8484}{1961.1969s^2} \tag{5-41}$$

系统闭环传递函数为

$$G_y(s) = \frac{1}{I_y s^2 + K_P + K_D s} = \frac{1}{1961.1969s^2 + 784.2419s + 156.8484} \tag{5-42}$$

注意，以上控制律的设计对象为刚体卫星姿态动力学模型。

进行卫星姿态控制系统设计不但要了解受控对象的动力学特性，还要知道卫星所处的工作环境与外部干扰情况。了解卫星所处环境的作用，不但对控制规律的选取及采用的执行机构的类型与容量等重大问题有重要意义，而且可以充分利用环境因素实现姿态控制。

空间环境力矩一般都比较小，其量级为 $10^{-4}\text{N} \cdot \text{m}$。即使如此小的力矩，对卫星姿态稳定与控制也十分重要。举例来说，若对地定向的卫星在俯仰轴方向作用 $10^{-4}\text{N} \cdot \text{m}$ 的常值力矩，则设该轴转动惯量的典型值取为 1000kgm^2，轨道运行周期 6000s，如果对卫星姿态不加以控制，经过一圈的轨道运动，卫星的俯仰轴方向的角动量积累值为 0.6N·ms。在零初始条件下，俯仰角将转动 1.8rad，根本谈不上对地定向。

为了检验姿态动力学模型外部干扰对控制系统的稳定性等方面的影响，不妨对系统施加一定外部常值干扰力矩，分析该干扰力矩对控制系统的影响。

若选用飞轮 (三个正交或者多于三个斜装) 作为姿态执行机构，姿态稳定控制系统依据反馈原理，根据姿态确定系统测得的姿态偏差，控制器将调节三轴（斜装下为多轴）上各自动量飞轮由标称转速 (零值或其他恒值转速) 正向或反向增加转速产生控制力矩，使俯仰、滚动、偏航三个姿态角能够恢复无偏差状态，达到姿态稳定。

不妨以俯仰通道为例，设 $J_{fy}\omega_{fy}$ 为飞轮的角动量，则系统的开环模型为

$$I_y \ddot{\theta} = -J_{fy}\dot{\omega}_{fy} + T_d \tag{5-43}$$

其中，T_d 为干扰力矩大小；当初始条件为零时，干扰力矩作用下的姿态角速度可由式 (5-43) 积分得到，即

$$\dot{\theta} = \frac{1}{I_y}\left(\int T_d \mathrm{d}t - J_{fy}\omega_{fy}\right) \tag{5-44}$$

干扰力矩大小为

$$T_d = T_o + T_f \cos \omega_o t \tag{5-45}$$

其中，第一项 T_o 为常值干扰；第二项 $T_f \cos \omega_o t$ 为周期干扰。

为保持姿态稳定，要求 $\dot{\theta} = 0$，姿态控制系统应按下述规律驱动飞轮，即

$$\omega_{fy} = \frac{1}{J_{fy}} \left(T_o t + \frac{T_f}{\omega_o} \sin \omega_o t \right) \tag{5-46}$$

由此可以看出，周期性干扰力矩会引起飞轮转速的交变；常值干扰力矩会引起飞轮转速单调地增加或减少。因此，随时间的积累，飞轮系统会趋于饱和，需要设计相应的去饱和系统。

5.3.2 滚动偏航耦合通道的控制器设计与仿真

刚体卫星滚动偏航通道姿态动力学的方程为

$$\begin{aligned} I_x \ddot{\varphi} + (I_y - I_z - I_x)\omega_o \dot{\psi} &= T_x \\ I_z \ddot{\psi} + (I_x + I_z - I_y)\omega_o \dot{\varphi} &= T_z \end{aligned} \tag{5-47}$$

由式(5-47)可得滚转、偏航通道存在耦合，可以通过下面的控制量实现解耦，即

$$T_{xc} = -(K_{dx}\dot{\varphi} + K_{px}\varphi) + (I_y - I_z - I_x)\omega_o \dot{\psi} \tag{5-48}$$

$$T_{zc} = -(K_{dz}\dot{\psi} + K_{pz}\psi) + (I_x + I_z - I_y)\omega_o \dot{\varphi} \tag{5-49}$$

解耦后滚转/偏航通道的控制律设计类似俯仰通道，即

$$\varphi(s) = \frac{1}{I_x s^2 + K_{dx}s + K_{px}} T_{dx}(s) = \frac{\omega_{nx}^2}{s^2 + 2\xi_x \omega_{nx}s + \omega_{nx}^2} \frac{T_{dx}(s)}{K_{px}} \tag{5-50}$$

$$\psi(s) = \frac{1}{I_z s^2 + K_{dz}s + K_{pz}} T_{dz}(s) = \frac{\omega_{nz}^2}{s^2 + 2\xi_z \omega_{nz}s + \omega_{nz}^2} \frac{T_{dz}(s)}{K_{pz}} \tag{5-51}$$

其中，$\omega_o = \sqrt{\mu/r^3}$，$\mu = 3.986 \times 10^5 \mathrm{km}^3/\mathrm{s}^2$ 为地球引力常数，r=42000m 为轨道半径，对同步轨道，$\omega_o = 2.32 \times 10^{-3} \mathrm{rad/s}$。

将闭环传递函数转化为典型的二阶环节，ω_{nx}、ω_{nz} 分别为滚转、偏航无阻尼自振频率，ξ_x、ξ_z 分别为滚转、偏航阻尼比，推导可得 $\omega_{nx} = \sqrt{\frac{K_{px}}{I_x}}$、$\omega_{nz} = \sqrt{\frac{K_{pz}}{I_z}}$，$\xi_x = \frac{K_{dx}}{2\sqrt{K_{px}I_x}}$、$\xi_z = \frac{K_{dz}}{2\sqrt{K_{pz}I_z}}$。分别取 $\frac{T_{dx}(s)}{K_{px}}$、$\frac{T_{dz}(s)}{K_{pz}}$ 为单位阶跃信

号，$\xi_x = \xi_z = \dfrac{1}{\sqrt{2}}$ 时，超调量 $\sigma = 4\%$、滚转轴调节时间 $t_{sx} = \dfrac{4}{\xi_x \omega_{nx}}$、偏航轴

调节时间 $t_{sz} = \dfrac{4}{\xi_z \omega_{nz}}$。若给定调节时间和 I_x、I_z，可选取出 K_{px}、K_{pz} 和 K_{dx}、

K_{dz} 的值。

已知滚转通道转动惯量 $I_x = 1460.7935 \mathrm{kgm}^2$，偏航通道转动惯量 $I_z = 2421.9828 \mathrm{kgm}^2$，取调节时间 $t_{sx} = t_{sz} = 20\mathrm{s}$，则 $\omega_{nx} = \omega_{nz} = 0.2828$。由此可得，$K_{px} = 116.8282$、$K_{dx} = 584.2292$、$K_{pz} = 193.7001$、$K_{dz} = 968.6468$。

滚转轴系统开环传递函数为

$$G_{x0}(s) = \frac{K_{px} + K_{dx}s}{I_x s^2} = \frac{584.2292s + 116.8282}{1460.7935 s^2} \tag{5-52}$$

滚转轴系统闭环传递函数为

$$G_x(s) = \frac{1}{I_x s^2 + K_{px} + K_{dx}s} = \frac{1}{1460.7935 s^2 + 584.2292s + 116.8282} \tag{5-53}$$

偏航轴系统开环传递函数为

$$G_{z0}(s) = \frac{K_{pz} + K_{dz}s}{I_z s^2} = \frac{968.6468s + 193.7001}{2421.9828 s^2} \tag{5-54}$$

偏航轴系统闭环传递函数为

$$G_z(s) = \frac{1}{I_z s^2 + K_{pz} + K_{dz}s} = \frac{1}{2421.9828 s^2 + 968.6468s + 193.7001} \tag{5-55}$$

滚转/偏航解耦图如图 5-3 所示。

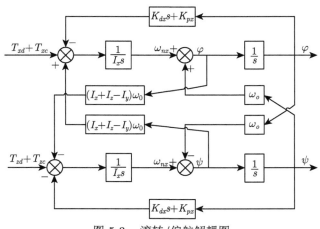

图 5-3　滚转/偏航解耦图

5.4 姿态动力学仿真示例

5.4.1 卫星姿态仿真操作流程

对于卫星姿态的调整，类似于变轨指令，通过向卫星对象发送调姿指令来改变卫星的姿态。SpaceSim 软件使用惯性系四元数与轨道系四元数描述卫星的姿态。四元数表征的是一次旋转过程。惯性系四元数的含义是惯性系到卫星本体系的旋转四元数。轨道系四元数是轨道系到卫星本体系的旋转四元数。调整卫星的姿态可以按照如下步骤操作。打开任务命令选中要调整的卫星，并输入期望转到的四元数。姿态指令设置如图 5-4 所示。

图 5-4 姿态指令设置

四元数为姿态期望惯性系四元数，即绕惯性系 X 轴旋转 90°，由于惯性系不随时间变化，因此航天器转到期望姿态后在惯性空间中应保持姿态。

如图 5-5 所示，卫星天线指向相对于本体系不改变，姿态整体转动后天线指向在惯性系中发生改变。

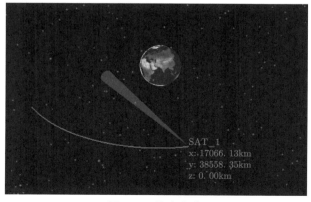

图 5-5 姿态变化

将四元数输出到 txt 文件中，通过输出文件可以看到，一段时间后，卫星的惯性系四元数稳定到指令中设置的 $[0.707, 0.707, 0, 0]$ 这一组值。输出惯性系四元数和 txt 如图 5-6 和图 5-7 所示。

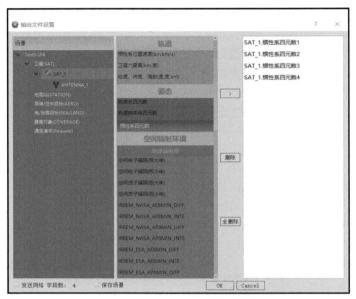

图 5-6　输出惯性系四元数

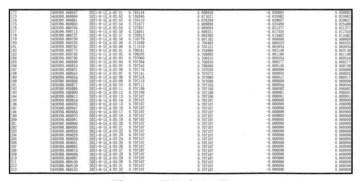

图 5-7　惯性系四元数 txt

5.4.2　卫星姿态控制仿真

1. 惯性系四元数姿态控制

该示例可参考场景 DEMO_AttiSetInertiaQuat。

1）设置流程

（1）在菜单栏依次点击"指控"和"任务命令"。

（2）选择装备名称，指令类型选择惯性四元数。指控命令如图 5-8 所示。

（3）在指令参数中输入目标四元数，如图 5-9 所示。

（4）点击"执行"将设置好的指令添加到指令列表中，如图 5-10所示。

图 5-8　指控命令

图 5-9　指令参数输入

图 5-10　指令列表

2）仿真结果

仿真结果如图 5-11 所示。从仿真结果看，惯性系四元数最终收敛到设置的指令参数值。

182	2457755.002106	2017-1-1_12:03:01	0.709215	0.704986	-0.002115	0.002114
183	2457755.002118	2017-1-1_12:03:02	0.708191	0.706019	-0.001086	0.001086
184	2457755.002130	2017-1-1_12:03:03	0.707653	0.706560	-0.000547	0.000547
185	2457755.002141	2017-1-1_12:03:04	0.707380	0.706833	-0.000274	0.000273
186	2457755.002153	2017-1-1_12:03:05	0.707243	0.706970	-0.000137	0.000137
187	2457755.002164	2017-1-1_12:03:06	0.707175	0.707039	-0.000068	0.000068
188	2457755.002176	2017-1-1_12:03:07	0.707141	0.707073	-0.000034	0.000034
189	2457755.002187	2017-1-1_12:03:08	0.707124	0.707090	-0.000017	0.000017
190	2457755.002199	2017-1-1_12:03:09	0.707115	0.707098	-0.000009	0.000009
191	2457755.002211	2017-1-1_12:03:10	0.707111	0.707103	-0.000004	0.000004
192	2457755.002222	2017-1-1_12:03:11	0.707109	0.707105	-0.000002	0.000002
193	2457755.002234	2017-1-1_12:03:12	0.707108	0.707106	-0.000001	0.000001
194	2457755.002245	2017-1-1_12:03:13	0.707107	0.707106	-0.000001	0.000001
195	2457755.002257	2017-1-1_12:03:14	0.707107	0.707107	-0.000000	0.000000
196	2457755.002269	2017-1-1_12:03:15	0.707107	0.707107	-0.000000	0.000000
197	2457755.002280	2017-1-1_12:03:16	0.707107	0.707107	-0.000000	0.000000
198	2457755.002292	2017-1-1_12:03:17	0.707107	0.707107	-0.000000	0.000000
199	2457755.002303	2017-1-1_12:03:18	0.707107	0.707107	-0.000000	0.000000
200	2457755.002315	2017-1-1_12:03:19	0.707107	0.707107	-0.000000	0.000000

图 5-11　仿真结果

2. 轨道系四元数姿态控制

该示例可参考场景 DEMO_AttiSetOrbitQuat。

1）添加卫星

左侧场景树中点击"卫星（SAT)"，选择"添加卫星"，在轨道参数选项卡中设置轨道参数，在卫星动力学模型选项卡中设置初始状态。轨道系四元数卫星轨道参数和初始姿态如图 5-12 和图 5-13 所示。

图 5-12　轨道系四元数卫星轨道参数

图 5-13　轨道系四元数卫星初始姿态

左侧场景树中点击"卫星"，选择"添加天线"，进行天线基础设置，观察卫星姿态变化。轨道系四元数卫星天线设置如图 5-14 所示。

2）添加指令

点击最上方菜单中"窗口"，点击"指令窗口显示"，点击"添加指令"，点击"装备名称"右边"..."，选择创建的卫星对象，点击"指令"右边"..."，选择"轨道系四元素.SAT"，在"指令参数"中设置指令参数，指控修改卫星姿态，点击"执行"。指令填写如图 5-15 所示。

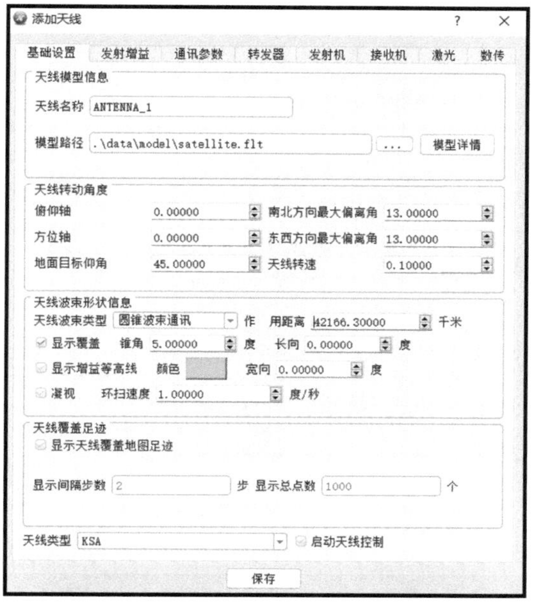

图 5-14 轨道系四元数卫星天线设置

图 5-15 轨道系四元数指令

3）添加输出

左侧场景树中点击"输出 (Output)"，选择"对象属性"，在左边一栏选择卫星对象，在中间一栏中选择输出类型，如"轨道转本体四元素"，点击"＞"，添加到右边一栏中，点击"OK"。轨道系四元数输出如图 5-16 所示。

4）仿真运行

在场景菜单下，点击"开始仿真"，卫星工作正常，卫星改变姿态（图 5-17），转向预定的姿态，完成控制调整。仿真结果如图 5-18 所示。

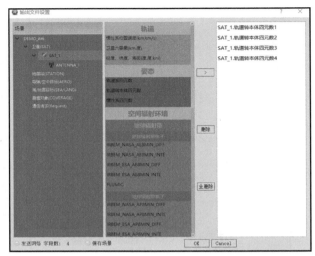

图 5-16　轨道系四元数输出

图 5-17　轨道系四元数卫星姿态变化

SECONDS	JD	time	SAT_1.QUAT2ORB1	SAT_1.QUAT2ORB2	SAT_1.QUAT2ORB3	SAT_1.QUAT2ORB4
0	2454679.500000	2008-8-1_0:00:00	1.000000	0.000000	0.000000	0.000000
1	2454679.500012	2008-8-1_0:00:00	0.999962	0.008700	0.000036	-0.000000
2	2454679.500023	2008-8-1_0:00:01	0.999849	0.017399	0.000072	-0.000000
3	2454679.500035	2008-8-1_0:00:02	0.999659	0.026097	0.000107	-0.000001
4	2454679.500046	2008-8-1_0:00:03	0.999395	0.034793	0.000143	-0.000002
5	2454679.500058	2008-8-1_0:00:04	0.999054	0.043486	0.000177	-0.000003
6	2454679.500069	2008-8-1_0:00:05	0.998638	0.052176	0.000212	-0.000005
7	2454679.500081	2008-8-1_0:00:06	0.998146	0.060862	0.000246	-0.000006
8	2454679.500093	2008-8-1_0:00:07	0.997579	0.069544	0.000279	-0.000009
9	2454679.500104	2008-8-1_0:00:08	0.996936	0.078220	0.000313	-0.000011
10	2454679.500116	2008-8-1_0:00:09	0.996218	0.086890	0.000345	-0.000014
11	2454679.500127	2008-8-1_0:00:10	0.995424	0.095554	0.000378	-0.000017
12	2454679.500139	2008-8-1_0:00:11	0.994555	0.104210	0.000410	-0.000020
13	2454679.500150	2008-8-1_0:00:12	0.993611	0.112859	0.000441	-0.000024
14	2454679.500162	2008-8-1_0:00:13	0.992591	0.121499	0.000472	-0.000027
15	2454679.500174	2008-8-1_0:00:14	0.991497	0.130130	0.000503	-0.000031
16	2454679.500185	2008-8-1_0:00:15	0.990327	0.138751	0.000533	-0.000036
17	2454679.500197	2008-8-1_0:00:16	0.989083	0.147361	0.000562	-0.000040
18	2454679.500208	2008-8-1_0:00:17	0.987763	0.155961	0.000591	-0.000045
19	2454679.500220	2008-8-1_0:00:18	0.986369	0.164548	0.000620	-0.000050
20	2454679.500231	2008-8-1_0:00:19	0.984900	0.173123	0.000648	-0.000056
21	2454679.500243	2008-8-1_0:00:20	0.983357	0.181685	0.000675	-0.000061
22	2454679.500255	2008-8-1_0:00:21	0.981739	0.190233	0.000702	-0.000067

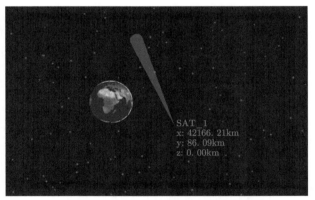

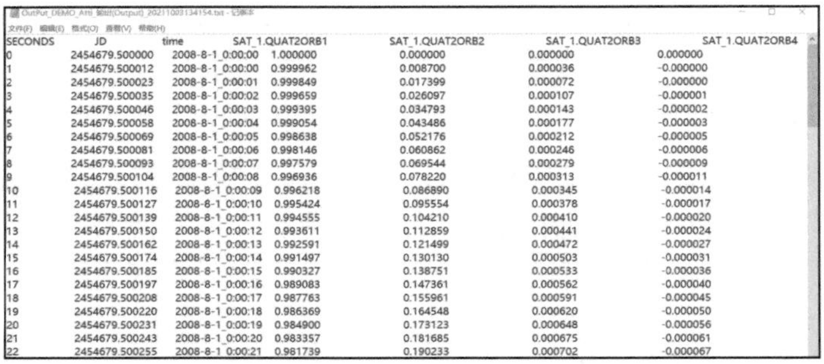

图 5-18　轨道系四元数卫星姿态仿真结果

5）追踪视角

点击"卫星对象"，选择"追踪视角"。轨道系四元数卫星视角如图 5-19 所示。

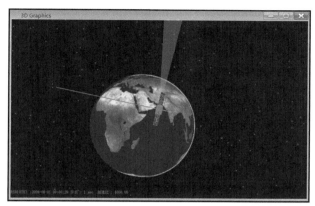

图 5-19 轨道系四元数卫星视角

3. 卫星飞轮机构仿真

该示例可参考场景 DEMO_ExecutiveBody。

1）添加卫星及天线

在左侧场景树中点击"卫星 (SAT)"，选择"添加卫星"，右键点击该卫星，选择"添加天线"，填写天线基本信息，包括天线名称、天线转动角度、天线波束形状信息、天线覆盖足迹等，点击"保存"。天线设置如图 5-20 所示。

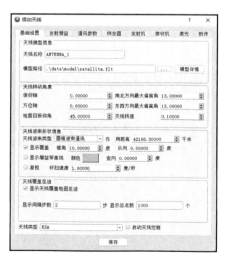

图 5-20 天线设置

2）添加指令

点击最上方菜单中的"窗口"，点击"指令窗口显示"，点击"添加指令"，为卫星添加姿态控制指令（图 5-21）。

	任务名称	执行时间	指令名称	指令类型	装备名	命令集
1	task17	2017-01-01_12...	姿态动力学模型...	SatAttiCtrl.Co...	SAT_1	0.707,0,0.707,0

图 5-21　姿态控制指令

3）添加输出

左侧场景树中点击"输出（Output）"，在输出文件设置选项卡中点击卫星对象，添加"姿态"栏中的执行机构力矩。飞轮输出文件设置如图 5-22 所示。

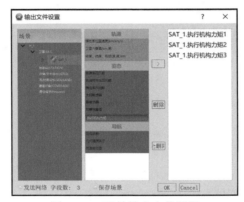

图 5-22　飞轮输出文件设置

4）开始仿真

在场景菜单下，点击"开始仿真"，卫星姿态按照指令执行机动（图 5-23），可在输出文件中看到飞轮的输出力矩结果。执行机构输出文件如图 5-24 所示。

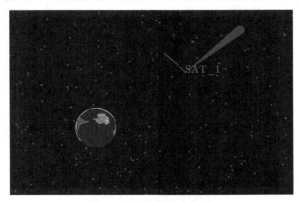

图 5-23　卫星姿态机动

SECONDS	JD	time	SAT_1.执行机构力矩1	SAT_1.执行机构力矩2	SAT_1.执行机构力矩3
0	2457755.000000	2017-1-1 12:00:00	0.000000	0.000000	0.000000
20	2457755.000231	2017-1-1 12:00:20	0.039985	0.040001	-0.000001
40	2457755.000463	2017-1-1 12:00:40	0.036132	0.036146	-0.000001
60	2457755.000694	2017-1-1 12:01:00	0.032651	0.032663	-0.000001
80	2457755.000926	2017-1-1 12:01:20	0.029504	0.029515	-0.000001
100	2457755.001157	2017-1-1 12:01:40	0.026661	0.026671	-0.000001
120	2457755.001389	2017-1-1 12:02:00	0.024092	0.024101	-0.000001
140	2457755.001620	2017-1-1 12:02:20	0.021770	0.021779	-0.000001
160	2457755.001852	2017-1-1 12:02:40	0.019673	0.019680	-0.000001
180	2457755.002083	2017-1-1 12:03:00	0.017777	0.017784	-0.000001
200	2457755.002315	2017-1-1 12:03:20	0.016064	0.016070	-0.000001
220	2457755.002546	2017-1-1 12:03:40	0.014516	0.014521	-0.000000
240	2457755.002778	2017-1-1 12:04:00	0.013117	0.013122	-0.000000
260	2457755.003009	2017-1-1 12:04:20	0.011853	0.011858	-0.000000
280	2457755.003241	2017-1-1 12:04:40	0.010711	0.010715	-0.000000
300	2457755.003472	2017-1-1 12:05:00	0.009679	0.009682	-0.000000
320	2457755.003704	2017-1-1 12:05:20	0.008746	0.008749	-0.000000
340	2457755.003935	2017-1-1 12:05:40	0.007903	0.007906	-0.000000
360	2457755.004167	2017-1-1 12:06:00	0.007142	0.007144	-0.000000
380	2457755.004398	2017-1-1 12:06:20	0.006454	0.006456	-0.000000
400	2457755.004630	2017-1-1 12:06:40	0.005832	0.005834	-0.000000
420	2457755.004861	2017-1-1 12:07:00	0.005270	0.005272	-0.000000
440	2457755.005093	2017-1-1 12:07:20	0.004762	0.004764	-0.000000
460	2457755.005324	2017-1-1 12:07:40	-0.010143	-0.010147	0.000000
480	2457755.005556	2017-1-1 12:08:00	-0.044688	-0.044705	0.000002
500	2457755.005787	2017-1-1 12:08:20	-0.070384	-0.070411	0.000002
520	2457755.006019	2017-1-1 12:08:40	-0.063602	-0.063626	0.000002
540	2457755.006250	2017-1-1 12:09:00	-0.057473	-0.057495	0.000002
560	2457755.006481	2017-1-1 12:09:20	-0.051935	-0.051954	0.000002
580	2457755.006713	2017-1-1 12:09:40	-0.046930	-0.046948	0.000001
600	2457755.006944	2017-1-1 12:10:00	-0.042408	-0.042424	0.000001
620	2457755.007176	2017-1-1 12:10:20	-0.038321	-0.038336	0.000001
640	2457755.007407	2017-1-1 12:10:40	-0.034629	-0.034642	0.000001
660	2457755.007639	2017-1-1 12:11:00	-0.031292	-0.031304	0.000001
680	2457755.007870	2017-1-1 12:11:20	-0.028276	-0.028287	0.000001

图 5-24 执行机构输出文件

5.4.3 卫星姿态动力学与控制仿真实例

1. 问题假设

卫星初始位置为轨道高度 350km、倾角 28.5° 的圆轨道。卫星以对日定向姿态在轨运行一段时间后，进行姿态机动，转入点火姿态，进行一次化学轨道推进。推进完成后，进行姿态机动，转回对日定向姿态。

点火前 10min 由对日姿态机动为点火姿态。点火后 10min 由点火姿态机动为对日姿态。

（1）对日定向模式姿态描述

卫星本体坐标轴 $-Z$ 指向为卫星指向太阳的矢量；卫星本体坐标轴 $+X$ 指向为 J2000 坐标系的 $+Z$ 轴与地球指向太阳的矢量相叉乘的矢量。

（2）点火模式姿态描述

卫星本体坐标轴 $+Z$ 指向为卫星瞬时惯性速度方向矢量；卫星本体坐标轴 $-Y$ 指向为卫星所处轨道面法向矢量。

2. 需求分析与仿真设计

根据题目要求与姿态机动的特性，通过点火时刻计算两次姿态机动的时刻与期望姿态四元数。

由题目可知，对日定向模式姿态使用 J2000 坐标系。点火模式姿态使用高度局部水平坐标系 (vehicle velocity local horizontal coordinate system，VVLH)。对于卫星，其坐标系原点在卫星本体质心处（求解姿态相关时，与原点无关），VVLH 的坐标轴的定义如下（前右下坐标系）。

（1）X：沿飞行方向，由 $Y \times Z$ 确定。

（2）Y：轨道面负法向。

（3）Z：指向地心方向。

　　需要注意，对于卫星，其轨道定义在地心惯性系下（地固系和地心惯性系下的卫星轨道面法向略有不同）。

　　X 轴的定义沿飞行方向，不一定与卫星的飞行速度矢量重合，由 Y 轴和 Z 轴的叉乘决定。只有当卫星的轨道为圆轨道时，X 轴才与飞行速度矢量重合。

　　1）由两方向求解姿态四元数

　　不妨设两不共线的确定矢量为 $\boldsymbol{u}$、$\boldsymbol{v}$，定义参考矢量 $\boldsymbol{w} = \boldsymbol{u} \times \boldsymbol{v}$，则这三个矢量在目标空间参考坐标系（如 J2000 系或者 VVLH 轨道系）S_a 和航天器目标指向坐标系 S_b 的坐标阵列为 $[\boldsymbol{u}_a, \boldsymbol{v}_a, \boldsymbol{w}_a]$ 和 $[\boldsymbol{u}_b, \boldsymbol{v}_b, \boldsymbol{w}_b]$。定义如下两矩阵，即

$$\boldsymbol{A} = \begin{bmatrix} \boldsymbol{u}_a & \boldsymbol{v}_a & \boldsymbol{w}_a \end{bmatrix}$$
$$\boldsymbol{B} = \begin{bmatrix} \boldsymbol{u}_b & \boldsymbol{v}_b & \boldsymbol{w}_b \end{bmatrix}$$

则 S_a 相对 S_b 的姿态矩阵可设为 $\boldsymbol{C}_{ba}$，其中矩阵 $\boldsymbol{B}$ 可逆，因此可计算 $\boldsymbol{C}_{ba}$，即

$$
\begin{aligned}
\boldsymbol{B} &= \begin{bmatrix} \boldsymbol{u}_b & \boldsymbol{v}_b & \boldsymbol{w}_b \end{bmatrix} \\
&= \begin{bmatrix} \boldsymbol{C}_{ba}\boldsymbol{u}_a & \boldsymbol{C}_{ba}\boldsymbol{v}_a & \boldsymbol{C}_{ba}\boldsymbol{w}_a \end{bmatrix} \\
&= \boldsymbol{C}_{ba} \begin{bmatrix} \boldsymbol{u}_a & \boldsymbol{v}_a & \boldsymbol{w}_a \end{bmatrix} \\
&= \boldsymbol{C}_{ba}\boldsymbol{A}\boldsymbol{C}_{ba} \\
&= \boldsymbol{B}\boldsymbol{A}^{-1}
\end{aligned}
$$

　　由欧拉参数定义可知

$$\boldsymbol{C}_{ba}(\boldsymbol{Q}) = \begin{bmatrix} q_0^2 + q_1^2 - q_2^2 - q_3^2 & 2(q_1 q_2 + q_3 q_0) & 2(q_1 q_3 - q_2 q_0) \\ 2(q_1 q_2 - q_3 q_0) & q_0^2 - q_1^2 + q_2^2 - q_3^2 & 2(q_2 q_3 + q_1 q_0) \\ 2(q_1 q_3 + q_2 q_0) & 2(q_2 q_3 - q_1 q_0) & q_0^2 - q_1^2 - q_2^2 + q_3^2 \end{bmatrix}$$

则由 $\boldsymbol{C}_{ba}$ 计算欧拉参数 $\boldsymbol{Q}$ 可得

$$
\begin{cases}
q_0 = \pm \dfrac{1}{2}\sqrt{1 + C_{11} + C_{22} + C_{33}} \\[2mm]
q_1 = \dfrac{1}{4q_0}(C_{23} - C_{32}) \\[2mm]
q_2 = \dfrac{1}{4q_0}(C_{31} - C_{13}) \\[2mm]
q_3 = \dfrac{1}{4q_0}(C_{12} - C_{21})
\end{cases}
$$

　　2）对日定向模式姿态所用四元数

　　由 S_a 坐标系为 J2000 坐标系，可得

$$\boldsymbol{u}_a = [1, 0, 0]$$
$$\boldsymbol{v}_a = [0, 1, 0]$$
$$\boldsymbol{w}_a = [0, 0, 1]$$

在 SpaceSim 软件中，可由星历计算得到太阳在地球 J2000 坐标系下的实际位置，并在后台保存为 sun.sunpos，同时将当前时刻卫星在地球 J2000 坐标系下位置保存为 sat.pos。

对日定向模式姿态描述为，卫星本体坐标轴 $-Z$ 指向为卫星指向太阳的矢量，卫星本体坐标轴 $+X$ 指向为 J2000 坐标系的 $+Z$ 轴与地球指向太阳的矢量相叉乘的矢量，则有

$$\boldsymbol{w}_b = 卫星指向太阳的矢量$$
$$\boldsymbol{u}_b = \boldsymbol{u}_a \times 地球指向太阳的矢量$$
$$\boldsymbol{v}_b = \boldsymbol{w}_b \times \boldsymbol{u}_b$$

将控制模式设置为 J2000 惯性系四元数，并传递 $\boldsymbol{Q}$，完成姿态控制任务。

3）点火模式姿态所用四元数

如前所述，可获得卫星当前时刻下地球 J2000 坐标系下的位置和速度矢量。

S_a 坐标系为 VVLH 坐标系，则 $\boldsymbol{u}_a$ 沿飞行方向，由 $\boldsymbol{v}_a \times \boldsymbol{w}_a$ 确定，$\boldsymbol{v}_a$ 为轨道面负法向，$\boldsymbol{w}_a$ 指向地心方向。

点火模式姿态描述为，卫星本体坐标轴 $+Z$ 指向为卫星瞬时惯性速度方向矢量，卫星本体坐标轴 $-Y$ 指向为卫星所处轨道面法向矢量，则有

$$\boldsymbol{w}_b = 飞行方向矢量$$
$$\boldsymbol{u}_b = 地心方向矢量 \times 飞行方向矢量$$
$$\boldsymbol{v}_b = \boldsymbol{w}_b \times \boldsymbol{u}_b$$

将控制模式设置为轨道系四元数，并传递 $\boldsymbol{Q}$，完成姿态控制任务。卫星姿态控制时刻轨道参数如表 5-1所示。期望姿态四元数解算值如表 5-2 所示。

表 5-1　卫星姿态控制时刻轨道参数

参数	控制时刻	
	2022.10.29 17：50：20	2022.10.29 22：02：00
sat.pos[0]	−1750.1677	6294.6578
sat.pos[1]	5828.8330	1104.9531
sat.pos[2]	2478.2664	2033.5792
sat.vel[0]	−7.4282	−2.2771
sat.vel[1]	−1.2439	6.8246
sat.vel[2]	−2.2992	2.7942
sunpos[0]	−120253622.3094	
sunpos[1]	−8009036.4379	
sunpos[2]	−34718411.3366	

表 5-2   期望姿态四元数解算值

历元 UTC 时刻	姿态控制模式	期望姿态四元数
2022.10.29 17：50：00	对日定向	[0.3707，0.2922，0.5456，0.6923]
2022.10.29 18：10：10	推进姿态	[0.7071，0，0.7071，0]

3. 仿真操作流程

1）创建新场景

（1）打开 SpaceSim 软件，点击"新建场景"，输入场景名称 Attitude。

（2）仿真开始时间设为 2022/10/29_17:50:00,仿真结束时间设为 2022/12/30_
12:00:00，点击"OK"完成。新建场景如图 5-25 所示。

图 5-25   新建场景

2）添加对象

（1）在菜单栏点击"模型"，选择"添加卫星"，在弹出的卫星设置对话框内，
选中"轨道参数"选项卡，选择 HPOP 模型，修改半长轴为 6721km，卫星名称
设置为"Com_Sat"，其他参数保持默认，如图 5-26 所示。按照上述操作，添加
一颗轨道参数相同的对照星，作为变轨后的参考。

图 5-26 姿态案例轨道参数设置

（2）在左侧场景树右键点击刚刚所添加的卫星，选择"添加电池板"（图 5-27），在弹出的电池板设置对话框设置电池板参数（图 5-28）。按照上述操作，正确添加两块太阳能板。

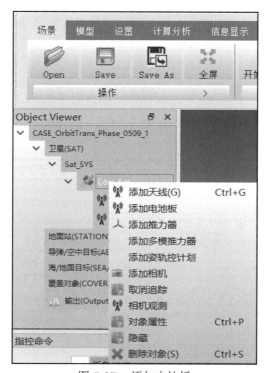

图 5-27 添加电池板

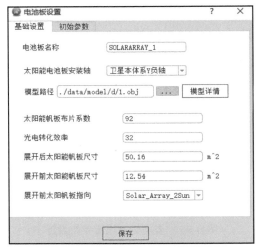

图 5-28　电池板参数

3）添加姿态控制指令

（1）点击菜单栏"窗口"中的"指令窗口显示"选项卡，软件下方弹出指控命令对话框，点击"添加指令"按钮，即可弹出"指控命令"设置窗口。

（2）添加姿态控制指令。首先，输入第一条姿态控制指令的详细信息，包括执行时间、指令 ID（随意设置，不与其他重复即可），点击"装备名称"按钮，选择 Com_Sat，点击"指令"按钮，选择"SatAttiCtrl.Thrust_Chemical_SunDir"对日定向姿态设置选项，如图 5-29 所示。当卫星执行对日定向姿态指令时，太阳能板会自动旋转对日。用同样的方法添加第二条"SatAttiCtrl.Thrust_Chemical_Propose"推进姿态控制指令，如图 5-30 所示。

图 5-29　添加对日定向姿态控制指令

图 5-30 添加推进姿态控制指令

（3）添加推进指令。首先，输入推进指令的详细信息，包括执行时间、指令ID（随意设置，不与其他重复即可），点击"装备名称"按钮，选择 Com_Sat，点击"指令"按钮，选择"SatOrbitTransfer.DeltaV_SatOrbit"脉冲变轨指令选项，添加推进指令（图 5-31），指令参数填写 (0，0，100)，为卫星轨道系下脉冲速度分量，单位为 m/s，分别对应轨道系 3 个坐标轴上的分量。变轨结束 10min 后，用与前述相同的方法添加第二条"SatAttiCtrl.Thrust_Chemical_SunDir"对日定向控制指令。

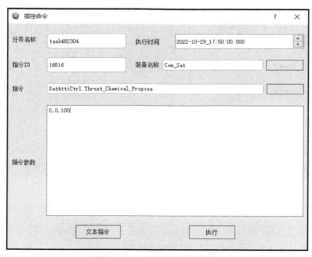

图 5-31 添加推进指令

（4）查看添加的控制指令。点击菜单栏"窗口"中的"指令窗口显示"选项卡，软件下方弹出指控命令对话框。指令序列如图 5-32 所示。检查添加的指令执行时间、指令类型、装备名以及指令集是否正确。在本案例中，在变轨指令执行前后 10min 执行推进姿态指令与对日定性姿态控制指令，调整变轨前的推进姿态，以及变轨后的巡航姿态。

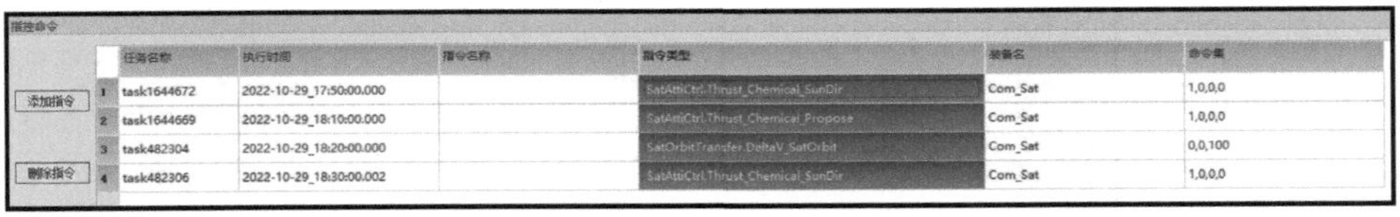

图 5-32　指令序列

4）添加输出项

为后续分析方便，在仿真前可增加输出项，在侧边栏点击"输出"选项卡，弹出"输出文件设置"对话框，可以将任意卫星的轨道、姿态等用户关心的变量添加到输出项中。

5）仿真运行

点击菜单栏"场景"中的"开始仿真"按钮，可在 3D 视窗中观察到整个动态仿真过程。当指令被触发时，"指控命令"窗中的该条指令会变为绿色。在未执行姿态控制指令时，卫星本体系与轨道系重合，其 $+Z$ 轴对地。卫星初始姿态如图 5-33 所示。

图 5-33　卫星初始姿态

当到达对日定向指令执行时间后，卫星开始调整姿态，使本体系 $-Z$ 轴对日，同时安装在 Y 轴上的太阳能板绕 Y 轴旋转对日定向，进行充电。对日定向姿态如图 5-34 所示。

图 5-34   对日定向姿态

到达变轨指令执行时间 10min 前，卫星执行推进姿态控制指令，将本体系姿态调整到 $+Z$ 轴指向速度方向，沿速度方向对卫星进行推进。推进姿态如图 5-35 所示。

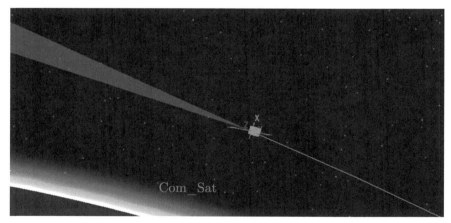

图 5-35   推进姿态

到达变轨指令执行时间时，卫星开始执行变轨控制指令，按照指令集 (0，0，100)，沿本体系 $+Z$ 轴给卫星 100m/s 的速度脉冲。设置一颗轨道参数相同的卫星可以观察到变轨前后的轨道。变轨后的轨道如图 5-36所示。

变轨任务完成后 10min，再由点火姿态机动为对日姿态。其方法与初次对日定向相同。

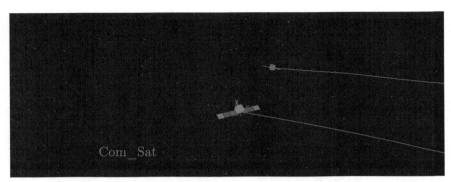

图 5-36　变轨后的轨道

第六章　运载火箭及导弹仿真

6.1　火箭与导弹的运动学与动力学

6.1.1　气动力和气动力矩

空气动力 (简称气动力)、推力、重力是导弹主要受到的力。推力是导弹的主要动力。空气对导弹的作用力是空气动力，作用线通常不通过质心，因此会形成力矩，使导弹转动 [12]。

空气动力 $\boldsymbol{R}$ 沿速度坐标系可沿速度坐标系分解为三个分量，阻力 $\boldsymbol{X}$、升力 $\boldsymbol{Y}$、侧向力 $\boldsymbol{Z}$，其大小为

$$\begin{cases} X = C_x q S \\ Y = C_y q S \\ Z = C_z q S \\ q = \dfrac{1}{2}\rho V^2 \end{cases} \tag{6-1}$$

其中，C_x 为阻力系数；C_y 为升力系数；C_z 为侧向力系数；ρ 为空气密度；V 为飞行速度；q 为动压；S 为参考面积。

气动力矩 $\boldsymbol{M}$ 可沿弹体坐标系分解为 3 个分量，即滚转力矩 $\boldsymbol{M}_{x1}$、偏航力矩 $\boldsymbol{M}_{y1}$、俯仰力矩 $\boldsymbol{M}_{z1}$。气动力矩大小表达式为

$$\begin{cases} M_{x1} = m_{x1} q S L \\ M_{y1} = m_{y1} q S L \\ M_{z1} = m_{z1} q S L \end{cases} \tag{6-2}$$

其中，m_{x1} 为滚转力矩系数；m_{y1} 为偏航力矩系数；m_{z1} 为俯仰力矩系数；L 为导弹的特征长度。

在飞行过程中，空气动力会对火箭质心形成气动稳定力矩 $\boldsymbol{M}_{qt}$，即

$$\boldsymbol{M}_{qt} = \begin{bmatrix} 0 \\ C_{y1} q S_m (l_{or} - l_{o1}) \\ -C_{z1} q S_m (l_{or} - l_{o1}) \end{bmatrix} \tag{6-3}$$

其中，S_m 为火箭的特征面积；l_{or} 为弹头到压心的距离；l_{o1} 为弹头到质心的距离。

6.1.2　阻尼力矩的计算

阻尼力矩是导弹绕弹体坐标系轴转动产生的，阻尼力矩系数的导数在弹体坐标系中为

$$\bar{\boldsymbol{M}}_d = \begin{bmatrix} M_{dx1} & M_{dy1} & M_{dz1} \end{bmatrix}^{\mathrm{T}}$$
$$= \begin{bmatrix} m_{x1}^{\bar{\omega}_{x1}} qSl\bar{\omega}_{x1} & m_{y1}^{\bar{\omega}_{y1}} qSl\bar{\omega}_{y1} & m_{z1}^{\bar{\omega}_{z1}} qSl\bar{\omega}_{z1} \end{bmatrix}^{\mathrm{T}} \tag{6-4}$$

其中，$m_{x1}^{\bar{\omega}_{x1}}$ 为滚动阻尼力矩系数导数；$m_{y1}^{\bar{\omega}_{y1}}$ 为偏航阻尼力矩系数导数；$m_{z1}^{\bar{\omega}_{z1}}$ 为俯仰阻尼力矩系数导数；$\bar{\omega}_{x1}$ 为无因次俯仰角速度；$\bar{\omega}_{y1}$ 为无因次偏航角速度和 $\bar{\omega}_{z1}$ 为无因次滚转角速度。

$$\begin{bmatrix} \bar{\omega}_{x1} & \bar{\omega}_{y1} & \bar{\omega}_{z1} \end{bmatrix}^{\mathrm{T}} = \frac{l}{V} \begin{bmatrix} \omega_{x1} & \omega_{y1} & \omega_{z1} \end{bmatrix}^{\mathrm{T}} \tag{6-5}$$

其中，ω_{x1}、ω_{y1}、ω_{z1} 为滚转角速度、偏航角速度、俯仰角速度；l 为导弹全长。

6.2　火箭与导弹的制导与控制

6.2.1　火箭发动机推力

导弹飞行时发动机推力的表达式为

$$P = m_s\mu_e + S_a(P_a - P_H) \tag{6-6}$$

其中，m_s 为单位时间内的燃料消耗量；μ_e 为燃气介质相对弹体的喷出速度大小；S_a 为发动机喷管出口处的横截面积；P_a 为发动机喷管出口处燃气流的压强；P_H 为导弹所处高度的大气压强。

推力 $\boldsymbol{P}$ 一般是沿弹体纵轴 OX_1，通过质心。推力 $\boldsymbol{P}$ 在弹体坐标系的投影为

$$\begin{bmatrix} P_{x1} \\ P_{y1} \\ P_{z1} \end{bmatrix} = \begin{bmatrix} P \\ 0 \\ 0 \end{bmatrix} \tag{6-7}$$

6.2.2 控制力和力矩

作用在导弹上的力的大小和方向发生改变时，导弹的飞行状态才会发生改变。重力 $\boldsymbol{G}$ 始终指向地心，不会改变，因此只能通过改变 $\boldsymbol{R}$ 和 $\boldsymbol{P}$ 来改变飞行状态，其合力称为控制力 $\boldsymbol{N}$，即

$$\boldsymbol{N} = \boldsymbol{P} + \boldsymbol{R} \tag{6-8}$$

$\boldsymbol{N}$ 可分解为沿速度方向和垂直于速度方向的两个分量，即

$$\boldsymbol{N} = \boldsymbol{N}_\tau + \boldsymbol{N}_n \tag{6-9}$$

切向的控制力可以改变火箭飞行的速度大小，即

$$\boldsymbol{N}_\tau = \boldsymbol{P}_\tau - \boldsymbol{X} \tag{6-10}$$

其中，$\boldsymbol{P}_\tau$ 为推力 $\boldsymbol{P}$ 在弹道切向的投影。

法向控制力 $\boldsymbol{N}_n$ 改变速度的方向，关系式为

$$\boldsymbol{N}_n = \boldsymbol{P}_n + \boldsymbol{Y} + \boldsymbol{Z} \tag{6-11}$$

其中，$\boldsymbol{P}_n$ 为推力的法向分量。

6.2.3 弹道导弹的运动方程组

导弹要喷出燃气，是变质量系统[13]。采用固化原理，可以将导弹看成一个虚拟的刚体，把导弹包含的所有物质固化在虚拟刚体上，忽略次要因素。因此，在某一瞬时，变质量运动方程可以简化为常质量刚体运动方程，用瞬时质量 $m(t)$ 代替原质量 m。导弹动力学方程可写为

$$m(t)\frac{\mathrm{d}\boldsymbol{V}}{\mathrm{d}t} = \boldsymbol{F}_{\text{total}} \tag{6-12}$$

$$\frac{\mathrm{d}\boldsymbol{H}}{\mathrm{d}t} = \boldsymbol{M}_{\text{total}} \tag{6-13}$$

其中，$\boldsymbol{H}$ 为导弹角动量；$\boldsymbol{F}_{\text{total}}$、$\boldsymbol{M}_{\text{total}}$ 为合力、合力矩。

1. 主动段的运动方程组

在发射坐标系下，导弹质心运动方程为

$$m\frac{\mathrm{d}\boldsymbol{V}}{\mathrm{d}t} = \boldsymbol{P} + \boldsymbol{P}_i + \boldsymbol{R} + \boldsymbol{G} + \boldsymbol{F}_e + \boldsymbol{F}_c \tag{6-14}$$

其中，$\boldsymbol{P}$ 为推力；$\boldsymbol{P}_i$ 为控制力；$\boldsymbol{R}$ 为空气动力；$\boldsymbol{G}$ 为地心引力；$\boldsymbol{F}_e$ 为牵连惯性力；$\boldsymbol{F}_c$ 为柯氏惯性力。

各力的分量可在发射坐标系下投影得到如下解析式。

（1）推力 $\boldsymbol{P}$ 和控制力 $\boldsymbol{P}_i$ 的投影，即

$$\boldsymbol{P} + \boldsymbol{P}_i = \boldsymbol{R}_b' \left(\begin{bmatrix} P \\ 0 \\ 0 \end{bmatrix} + \begin{bmatrix} P_{xbc} \\ P_{ybc} \\ P_{zbc} \end{bmatrix} \right) \tag{6-15}$$

其中，$\boldsymbol{R}_b'$ 为弹体坐标系到发射坐标系的变换矩阵；P_{xbc}、P_{ybc} 和 P_{zbc} 为推力沿弹体坐标轴的分量。

（2）气动力 $\boldsymbol{R}$ 的投影，即

$$\boldsymbol{R} = \boldsymbol{R}_b' \begin{bmatrix} -C_{xb} \\ -C_{yb} \\ -C_{zb} \end{bmatrix} qS_m \tag{6-16}$$

其中，$\boldsymbol{R}_b'$ 为弹体坐标系到发射坐标系的变换矩阵；C_{xb} 为轴向力系数；C_{yb} 为法向力系数；C_{zb} 为侧向力系数。

（3）引力 G 的投影。

导弹质心的地心矢径投影计算公式为

$$\boldsymbol{r} = \boldsymbol{R}_0 + \boldsymbol{d} = \boldsymbol{R}_e' \begin{bmatrix} R_{0xe} \\ R_{0ye} \\ R_{0ze} \end{bmatrix} + \begin{bmatrix} x \\ y \\ z \end{bmatrix} = \begin{bmatrix} R_{0x} \\ R_{0y} \\ R_{0z} \end{bmatrix} + \begin{bmatrix} x \\ y \\ z \end{bmatrix} \tag{6-17}$$

其中，$\boldsymbol{R}_e'$ 为地心坐标系到发射坐标系的坐标变换矩阵；R_{0xe}、R_{0ye} 和 R_{0ze} 为发射点的地心矢径在地心坐标系的 3 个分量；x、y 和 z 为导弹质心在发射坐标系中的坐标分量。

地球自转角速度为

$$\boldsymbol{\omega}_e = \boldsymbol{R}_e' \begin{bmatrix} 0 \\ 0 \\ \omega_e \end{bmatrix} = \begin{bmatrix} \omega_{ex} \\ \omega_{ey} \\ \omega_{ez} \end{bmatrix} \tag{6-18}$$

因此

$$\boldsymbol{G} = m\boldsymbol{g} = \frac{mg_r}{r}\boldsymbol{r} + \frac{mg_\omega}{\omega_e}\boldsymbol{\omega}_e \tag{6-19}$$

其中，g_r 和 g_ω 为引力加速度在导弹地心矢径方向和地球自转轴方向的分量。

（4）牵连惯性力和科氏惯性力的投影。

考虑地球自转，科氏加速度 $\boldsymbol{a}_k$ 和牵连加速度 $\boldsymbol{a}_{rel}$ 的表达式为

$$\boldsymbol{a}_k = -2\boldsymbol{\omega}_e \times \boldsymbol{V} \tag{6-20}$$

$$\boldsymbol{a}_{rel} = -\boldsymbol{\omega}_e \times (\boldsymbol{\omega}_e \times \boldsymbol{r}) \tag{6-21}$$

其中，$\boldsymbol{V}$ 为火箭相对发射坐标系的速度；$\boldsymbol{r}$ 为火箭相对发射坐标系的地心矢径。

导弹的质心运动方程往发射坐标系投影后，运动方程的表达式为

$$
\begin{aligned}
\begin{bmatrix} \dot{V}_x \\ \dot{V}_y \\ \dot{V}_z \end{bmatrix} &= \boldsymbol{R}'_b \left(\begin{bmatrix} P \\ 0 \\ 0 \end{bmatrix} + \begin{bmatrix} P_{xbc} \\ P_{ybc} \\ P_{zbc} \end{bmatrix} + \frac{qS_m}{m} \begin{bmatrix} -C_{xb} \\ C_{yb} \\ C_{zb} \end{bmatrix} \right) \\
&\quad + \frac{g_r}{r}\boldsymbol{r} + \frac{g_\omega}{\omega_e}\boldsymbol{\omega}_e - 2\boldsymbol{\omega}_e \times \boldsymbol{V} - \boldsymbol{\omega}_e \times (\boldsymbol{\omega}_e \times \boldsymbol{r})
\end{aligned} \tag{6-22}
$$

由于导弹上惯性加速度表测得的是视加速度 $\dot{\boldsymbol{W}}$，它在弹体坐标系的投影可以表示为

$$
\begin{bmatrix} \dot{W}_{xb} \\ \dot{W}_{yb} \\ \dot{W}_{zb} \end{bmatrix} = \begin{bmatrix} P \\ 0 \\ 0 \end{bmatrix} + \begin{bmatrix} P_{xbc} \\ P_{ybc} \\ P_{zbc} \end{bmatrix} + \frac{qS_m}{m} \begin{bmatrix} -C_{xb} \\ C_{yb} \\ C_{zb} \end{bmatrix} \tag{6-23}
$$

则有

$$
\begin{bmatrix} \dot{V}_x \\ \dot{V}_y \\ \dot{V}_z \end{bmatrix} = \boldsymbol{R}'_b \begin{bmatrix} \dot{W}_{xb} \\ \dot{W}_{yb} \\ \dot{W}_{zb} \end{bmatrix} + \frac{g_r}{r}\boldsymbol{r} + \frac{g_\omega}{\omega_e}\boldsymbol{\omega}_e - 2\boldsymbol{\omega}_e \times \boldsymbol{V} - \boldsymbol{\omega}_e \times (\boldsymbol{\omega}_e \times \boldsymbol{r}) \tag{6-24}
$$

导弹绕质心转动方程向弹体坐标系投影，可得

$$
\begin{bmatrix} I_{xb} & 0 & 0 \\ 0 & I_{yb} & 0 \\ 0 & 0 & I_{zb} \end{bmatrix} \begin{bmatrix} \dot{\omega}_{xb} \\ \dot{\omega}_{yb} \\ \dot{\omega}_{zb} \end{bmatrix} + \begin{bmatrix} (I_{zb} - I_{yb})\,\omega_{zb}\omega_{yb} \\ (I_{xb} - I_{zb})\,\omega_{xb}\omega_{zb} \\ (I_{yb} - I_{xb})\,\omega_{yb}\omega_{xb} \end{bmatrix} = \begin{bmatrix} \sum M_{xb} \\ \sum M_{yb} \\ \sum M_{zb} \end{bmatrix} \tag{6-25}
$$

质心速度和位置的关系为

$$\begin{cases} \dfrac{\mathrm{d}x}{\mathrm{d}t} = V_x \\[2mm] \dfrac{\mathrm{d}y}{\mathrm{d}t} = V_y \\[2mm] \dfrac{\mathrm{d}z}{\mathrm{d}t} = V_z \\[2mm] V = \sqrt{V_x^2 + V_y^2 + V_z^2} \end{cases} \tag{6-26}$$

姿态控制方程为

$$\begin{cases} F_1\left(\Delta_\gamma, x, y, z, \dot{x}, \dot{y}, \dot{z}, \gamma, \dot{\gamma}, \ddot{\gamma}, \cdots\right) = 0 \\ F_2\left(\Delta_\psi, x, y, z, \dot{x}, \dot{y}, \dot{z}, \psi, \dot{\psi}, \ddot{\psi}, \cdots\right) = 0 \\ F_3\left(\Delta_\varphi, x, y, z, \dot{x}, \dot{y}, \dot{z}, \varphi, \dot{\varphi}, \ddot{\varphi}, \cdots\right) = 0 \end{cases} \tag{6-27}$$

其中，F_1、F_2、F_3 为控制力产生的当量偏角 Δ_γ、Δ_ψ、Δ_φ 与其他变量之间的关系。

欧拉角间的简化关系式为

$$\begin{cases} \psi = \sigma + \beta \\ \varphi = \Theta + \alpha \\ \gamma = \gamma_c \end{cases} \tag{6-28}$$

弹道倾角和弹道偏角与速度的关系为

$$\begin{cases} \Theta = \arcsin\left(\dfrac{V_y}{\sqrt{V_x^2 + V_y^2}}\right) \\[3mm] \sigma = -\arcsin\left(\dfrac{V_z}{V}\right) \end{cases} \tag{6-29}$$

地球为椭球体，导弹相对于地球表面高度为

$$h = \sqrt{(x + R_{0x})^2 + (y + R_{0y})^2 + (z + R_{0z})^2} - R \tag{6-30}$$

R 为导弹质心在椭球表面相应位置至地心的距离，导弹的质量方程为

$$m = m_0 - \dot{m}t \tag{6-31}$$

主动段运动方程组为

$$\begin{cases} m\dfrac{\mathrm{d}V_x}{\mathrm{d}t} = \left(P_e\cos\varphi - R'\Delta_\varphi\sin\varphi - C_x q S_m\cos\Theta - C_y^\alpha\alpha q S_m\sin\Theta\right) + g_x + \dot{V}_{ex} + \dot{V}_{cx} \\[2mm]
m\dfrac{\mathrm{d}V_y}{\mathrm{d}t} = \left(P_e\cos\varphi + R'\Delta_\varphi\cos\varphi - C_x q S_m\sin\Theta + C_y^\alpha\alpha q S_m\sin\Theta\right) + g_y + \dot{V}_{ey} + \dot{V}_{cy} \\[2mm]
m\dfrac{\mathrm{d}V_z}{\mathrm{d}t} = \left(-P_e\psi - R'\Delta_\psi + C_x q S_{m\Delta} - C_y^\alpha\beta q S_m\right) + g_z + \dot{V}_{ez} + \dot{V}_{cz} \\[2mm]
I_{x1}\dfrac{\mathrm{d}\omega_{x1}}{\mathrm{d}t} = \sum M_{x1} \\[2mm]
I_{y1}\dfrac{\mathrm{d}\omega_{y1}}{\mathrm{d}t} = \sum M_{y1} \\[2mm]
I_{z1}\dfrac{\mathrm{d}\omega_{z1}}{\mathrm{d}t} = \sum M_{z1} \\[2mm]
\dfrac{\mathrm{d}x}{\mathrm{d}t} = V_x \\[2mm]
\dfrac{\mathrm{d}y}{\mathrm{d}t} = V_y \\[2mm]
\dfrac{\mathrm{d}z}{\mathrm{d}t} = V_z \\[2mm]
V = \sqrt{V_x^2 + V_y^2 + V_z^2} \\[2mm]
\dfrac{\mathrm{d}\gamma}{\mathrm{d}t} = \omega_{x1} + \omega_{z1}\psi \\[2mm]
\dfrac{\mathrm{d}\psi}{\mathrm{d}t} = \omega_{y1} - \omega_{z1}\gamma \\[2mm]
\dfrac{\mathrm{d}\varphi}{\mathrm{d}t} = \omega_{z1} - \omega_{y1}\gamma \\[2mm]
F_1\left(\Delta_\gamma, x, y, z, \dot{x}, \dot{y}, \dot{z}, \gamma, \dot{\gamma}, \ddot{\gamma}, \cdots\right) = 0 \\[2mm]
F_2\left(\Delta_\psi, x, y, z, \dot{x}, \dot{y}, \dot{z}, \psi, \dot{\psi}, \ddot{\psi}, \cdots\right) = 0 \\[2mm]
F_3\left(\Delta_\varphi, x, y, z, \dot{x}, \dot{y}, \dot{z}, \varphi, \dot{\varphi}, \ddot{\varphi}, \cdots\right) = 0 \\[2mm]
\Theta = \arcsin\left(\dfrac{V_y}{\sqrt{V_x^2 + V_y^2}}\right) \\[2mm]
\sigma = -\arcsin\left(\dfrac{V_z}{V}\right) \\[2mm]
h = \sqrt{(x + R_{0x})^2 + (y + R_{0y})^2 + (z + R_{0z})^2} - R \\[2mm]
m = m_0 - \dot{m}t
\end{cases}$$

该方程组可以分解成纵向和侧向两部分，分别是纵向运动方程组和侧向运动方程组。其中，纵向运动决定导弹运动的主要特性。

纵向运动方程组为

$$
\begin{cases}
m\dfrac{\mathrm{d}V_x}{\mathrm{d}t} = \left(P_e\cos\varphi - R'\Delta_\varphi\sin\varphi - C_x qS_m\cos\Theta - C_y^\alpha \alpha qS_m\sin\Theta\right) \\
\qquad\qquad + g_x + \dot{V}_{ex} + \dot{V}_{cx} \\[4pt]
m\dfrac{\mathrm{d}V_y}{\mathrm{d}t} = \left(P_e\cos\varphi + R'\Delta_\varphi\cos\varphi - C_x qS_m\sin\Theta + C_y^\alpha \alpha qS_m\sin\Theta\right) \\
\qquad\qquad + g_y + \dot{V}_{ey} + \dot{V}_{cy} \\[4pt]
I_{z1}\dfrac{\mathrm{d}\omega_{z1}}{\mathrm{d}t} = \sum M_{z1} \\[4pt]
\dfrac{\mathrm{d}x}{\mathrm{d}t} = V_x \\[4pt]
\dfrac{\mathrm{d}y}{\mathrm{d}t} = V_y \\[4pt]
\dfrac{\mathrm{d}\varphi}{\mathrm{d}t} = \omega_{z1} \\[4pt]
V = \sqrt{V_x^2 + V_y^2} \\[4pt]
\Theta = \arcsin\left(\dfrac{V_y}{\sqrt{V_x^2 + V_y^2}}\right) \\
\alpha = \varphi - \Theta \\[4pt]
F_3\left(\Delta_\varphi, x, y, z, \dot{x}, \dot{y}, \dot{z}, \varphi, \dot{\varphi}, \ddot{\varphi}, \cdots\right) = 0 \\[4pt]
h = \sqrt{x^2 + \left(y + \tilde{R}\right)^2} - \tilde{R} \\[4pt]
m = m_0 - \dot{m}t
\end{cases}
$$

侧向运动方程组为

$$\begin{cases} m\dfrac{\mathrm{d}V_x}{\mathrm{d}t} = \left(P_e\cos\varphi - R'\Delta_\varphi\sin\varphi - C_x qS_m\cos\Theta - C_y^\alpha\alpha qS_m\sin\Theta\right) + g_x + \dot V_{ex} + \dot V_{cx} \\[6pt] I_{x1}\dfrac{\mathrm{d}\omega_{x1}}{\mathrm{d}t} = \sum M_{x1} \\[6pt] I_{y1}\dfrac{\mathrm{d}\omega_{y1}}{\mathrm{d}t} = \sum M_{y1} \\[6pt] \dfrac{\mathrm{d}z}{\mathrm{d}t} = V_z \\[6pt] \dfrac{\mathrm{d}\gamma}{\mathrm{d}t} = \omega_{x1} \\[6pt] \dfrac{\mathrm{d}\psi}{\mathrm{d}t} = \omega_{y1} \\[6pt] \beta = \psi - \delta \\[6pt] \sigma = -\arcsin\left(\dfrac{V_z}{V}\right) \\[6pt] \gamma = \gamma_c \\[6pt] F_1\left(\delta_\gamma, x, y, z, \dot x, \dot y, \dot z, \gamma, \dot\gamma, \ddot\gamma, \cdots\right) = 0 \\[6pt] F_2\left(\delta_\psi, x, y, z, \dot x, \dot y, \dot z, \psi, \dot\psi, \ddot\psi, \cdots\right) = 0 \end{cases}$$

2. 被动段的运动方程组

导弹在被动段飞行时,没有推力作用,也不存在控制力,导弹仅依靠主动段终点的能量就可以继续自由飞行。考虑大气层对火箭飞行的影响,可认为导弹飞至 80km 以上时,空气动力可忽略,自由段运动可以看作真空下的质点运动。导弹飞行高度落至 80km 以下时,大气密度已经足够大,这个时候就必须考虑大气对导弹飞行的影响。这一小段导弹运动阶段称为再入段。

1) 自由段运动方程组

自由段是在真空中进行的,可以不考虑空气动力的影响。同时,可以把导弹看作一个质点来研究,只受引力作用。地球可以看作一个质量均匀的圆球。

在此假设下,自由段的运动方程为

$$r = \frac{P}{1 + e\cos f} \tag{6-32}$$

设导弹主动段终点处为 k、速度为 V_k、火箭与地心距离为 r_k、弹道倾角为

Θ_k，根据动量矩守恒定律，有

$$h = r_k V_k \cos \Theta_k \tag{6-33}$$

半通径为

$$P = r_k v_k \cos^2 \Theta_k \tag{6-34}$$

其中，$v_k = \dfrac{r_k V_k^2}{\mu}$。

椭圆长半轴和短半轴为

$$a = -\frac{\mu r_k}{r_k V_k^2 - 2\mu} \tag{6-35}$$

$$b = \sqrt{\frac{v_k}{2 - v_k}} r_k \cos \Theta_k \tag{6-36}$$

自由段射程为

$$L_e = R\beta_e \tag{6-37}$$

其中，R 为地球平均半径；β_e 为导弹自由段射程角，即再入点与主动段终点真近点角之差。

自由段飞行时间为

$$T_e = \sqrt{\frac{a^3}{\mu}} \left[(E_e - E_k) - e \left(\sin E_e - \sin E_k \right) \right] \tag{6-38}$$

$$E_k = \arccos \left(\frac{a - r_k}{ae} \right) \tag{6-39}$$

$$E_e = \arccos \left(\frac{a - r_e}{ae} \right) \tag{6-40}$$

地心惯性系中的绝对速度为

$$\boldsymbol{V}_a = \boldsymbol{V} + \boldsymbol{\omega}_e \times \boldsymbol{r} \tag{6-41}$$

再入点绝对速度为

$$V_{ae} = \sqrt{\frac{\mu}{a}} \frac{\sqrt{1 - e^2 \cos^2 E_e}}{1 - e \cos E_e} \tag{6-42}$$

自由飞行段射程在惯性系中计算，椭圆弹道是导弹在惯性空间中的轨迹。此射程是绝对射程，在实际应用中更关心弹头相对于旋转地球的射程。

再入点 e 的地心纬度为

$$\phi_e = \arcsin\left(\sin\phi_{sk}\cos\beta_{ake} + \cos\phi_{sk}\sin\beta_{ake}\cos A_{ak}\right) \tag{6-43}$$

再入点 e 与主动段终点 k 的绝对经差为

$$\Delta\lambda_{ake} = \arcsin\left(\sin\beta_{ake}\frac{\sin A_{ak}}{\cos\phi_{se}}\right) \tag{6-44}$$

再入点的相对经差为

$$\Delta\lambda_{ke} = \Delta\lambda_{ake} - \omega_e t_{ke} \tag{6-45}$$

再入点的经纬度为

$$\phi_e = \arcsin\left(\sin\phi_{sk}\cos\beta_{ake} + \cos\phi_{sk}\sin\beta_{ake}\cos A_{ak}\right) \tag{6-46}$$

$$\lambda_e = \lambda_k + \Delta\lambda_{ake} - \omega_e t_{ke} \tag{6-47}$$

2）再入段运动方程组

再入段，射程和飞行都时间较小，所以可作以下假设。

（1）不考虑地球旋转，即 $\omega = 0$。

（2）认为地球为圆球。

（3）认为导弹侧滑角为零，即侧滑角 $\beta = 0$。

在上述条件下，再入段运动可近似为平面运动。根据牛顿第二定律，导弹再入段的矢量运动方程为

$$m\dot{\boldsymbol{V}} = \boldsymbol{R}' + m\boldsymbol{g} \tag{6-48}$$

其中，$\dot{\boldsymbol{V}}$ 为导弹的飞行加速度；$\boldsymbol{R}'$ 为作用在导弹上的空气动力；$m\boldsymbol{g}$ 为导弹受的地球引力。

为使研究更加方便，这一阶段的运动方程建立在速度坐标系上令火箭飞行的速度 V 与再入点 e 处水平线的夹角为 Θ，V 与当地水平线的夹角为 Θ。因为再入段的速度在水平线以下，所以这里的 Θ 和 Θ 都是负值。

速度矢量的转动角速度为 $\dot{\Theta}$，则

$$\dot{\boldsymbol{V}} = \frac{\mathrm{d}V}{\mathrm{d}t}x_c^0 + V\dot{\Theta}y_c^0 \tag{6-49}$$

速度坐标系的投影为

$$\begin{cases} \dfrac{\mathrm{d}V}{\mathrm{d}t} = -\dfrac{X}{m} - g\sin\Theta \\ \dfrac{\mathrm{d}\Theta}{\mathrm{d}t} = \dfrac{Y}{mV} - \dfrac{g}{V}\cos\Theta \end{cases} \tag{6-50}$$

倾角关系为

$$\Theta = f + \Theta \tag{6-51}$$

求导数为

$$\dot{\Theta} = \dot{f} + \dot{\Theta} \tag{6-52}$$

其中，f 为火箭在任一位置相对于再入点的航程角；$\dot{f}$ 为其变化率。

速度 V 在径向 r 和当地水平线方向的投影为

$$\begin{cases} \dot{r} = V \sin \Theta \\ r\dot{f} = V \cos \Theta \end{cases} \tag{6-53}$$

导弹再入段的运动方程组为

$$\begin{cases} \dfrac{\mathrm{d}V}{\mathrm{d}t} = -\dfrac{X}{m} - g \sin \Theta \\[2mm] \dfrac{\mathrm{d}\Theta}{\mathrm{d}t} = \dfrac{Y}{mV} + \left(\dfrac{V}{r} - \dfrac{g}{V}\right) \cos \Theta \\[2mm] \dfrac{\mathrm{d}r}{\mathrm{d}t} = V \sin \Theta \\[2mm] \dfrac{\mathrm{d}L}{\mathrm{d}t} = \dfrac{RV}{r} \cos \Theta \end{cases} \tag{6-54}$$

6.3   火箭与导弹的弹道设计

弹道设计除了需要建立完整的弹道方程组，还需要各种导弹本身和飞行时需要的基本参数，如导弹推力、气动外形等导弹状态参数、地球几何状态参数、地球引力场、大气状态参数、发射点、目标点坐标等。为了使设计的弹道尽量接近导弹实际飞行的弹道，确保导弹命中精度，弹道设计时采用的基本参数应接近其实际值。标准弹道设计时的飞行条件应选为，导弹本身诸元选取定型状态参数 (实际测量值或统计平均值)；地球为一旋转椭球体；地球引力场除考虑标准引力，还应尽量考虑异常引力；地球大气应采用发射场区和目标区大气参数的月统计平均值，或者采用标准大气作为基准。

6.3.1   弹道设计原理

导弹弹道设计是根据战技术指标，再应用近似计算方法来设计的，因此需要确定基本设计参数的极限值和最优值。这些参数就是导弹结构设计和动力装置、制导系统的初始值。根据已确定的设计参数，应用精确弹道的求解方法对导弹飞行弹道进行计算，之后检验是否满足指标要求，如果不满足，则改变设计参数，使之趋于合理。

6.3.2 弹道设计的主要参数

导弹弹道设计的关键是主动段终点各个参数的确定，一旦主动段终点速度确定，弹道基本上就能确定。一般情况下，主要有五个参数会影响火箭主动段终点速度，下面对它们进行介绍。这五个参数是火箭的结构质量比、地面推重比、起飞截面载荷、地面比推力和发动机的高空特性。

1）质量比 μ_k

当发动机推进剂燃烧完时，μ_k 为火箭质量 m_k 与起飞质量 m_0 的比值，即

$$\mu_k = \frac{m_k}{m_0} \tag{6-55}$$

μ_k 越小，导弹携带的燃料量就会越多，导弹能够达到的速度就越大。它是衡量导弹结构优劣的重要参数。

2）地面推重比 ν_0

ν_0 为起飞重量 G_0 与发动机的地面额定推力 P_0 的比值，即

$$\nu_0 = \frac{G_0}{P_0} \tag{6-56}$$

ν_0 越小，导弹的加速性能越好，达到规定速度的时间就越短。

3）起飞截面载荷 P_m

P_m 为导弹起飞重量 G_0 与导弹最大横截面积 S_m 的比值，即

$$P_m = \frac{G_0}{S_m} \tag{6-57}$$

G_0 一定时，横截面积越小，P_m 就越大，导弹就越细长，它会影响导弹的气动特性。

4）地面比推力 P_{b0}

P_{b0} 为发动机地面额定推力 P_0 与导弹在地面推进剂秒耗量 $\dot{G}_0$ 的比值，即

$$P_{b0} = \frac{P_0}{\dot{G}_0} \tag{6-58}$$

当 P_0 的值一定时，P_{b0} 越大，导弹燃料消耗就越慢，燃料性能就越好；P_{b0} 越小，说明导弹发动机的燃料无法得到充分燃烧，燃料性能比越差。

5）发动机高空特性系数 a

a 为发动机真空比推力 P_{z0} 与地面比推力 P_{b0} 之比，即

$$a = \frac{P_{z0}}{P_{b0}} \tag{6-59}$$

如果 P_{b0} 确定不变，a 值越大，那么导弹在空气中的推力损失越大。

上述五个参数如果确定，那么火箭主动段的终点速度就能确定，火箭弹道基本上也可以确定。

6.3.3　弹道设计模型

导弹飞行程序的选择是很复杂的，它与求解导弹各阶段的运动微分方程组紧密相关。通常，在导弹飞行程序的选择中，简化之后的运动方程就是平面运动方程组。当导弹的基本设计参数确定时，通常给定 $\alpha(t)$ 函数，然后解运动方程组。只要对 $\alpha(t)$ 进行适当的调整，就可以确定符合要求的飞行程序，即

$$
\begin{cases}
\dot{V} = \dfrac{P_e - X}{m} - g\sin\Theta \\[2mm]
\dot{\Theta} = \dfrac{1}{mV}\left(P_e + C_y^\alpha qSm\right)\alpha - \dfrac{1}{V}g\cos\Theta \\[2mm]
\dot{y} = V\sin\Theta \\[2mm]
\dot{x} = V\cos\Theta \\[2mm]
\alpha = A\left(\varphi_{cx} - \Theta\right)
\end{cases}
\tag{6-60}
$$

1. 主动段弹道模型

重力转弯是导弹主动段弹道转弯的方式。程序转弯是导弹垂直起飞稳定工作后再进行的。在跨音速之前，导弹按零攻角飞行。一级发动机关闭时，导弹基本达到音速，之后转弯只在重力下实现。因此，飞行程序角为

$$
\phi_p(t) = \begin{cases}
\dfrac{\pi}{2}, & 0 \leqslant t < t_1 \\[2mm]
\alpha(t) + \Theta_r, & t_1 \leqslant t < t_2 \\[2mm]
\Theta_r, & t_2 \leqslant t < t_3 \\[2mm]
\phi_p(t), & t_3 \leqslant t \leqslant t_{km}
\end{cases}
\tag{6-61}
$$

其中，$\Theta_r = \Theta + \omega_z t$。

攻角模型可取

$$
\alpha(t) = -4\tilde{\alpha}z(1-z)
\tag{6-62}
$$

其中，$z = e^{a(t_1 - t)}$。

根据导弹飞行程序的要求，导弹主动段分为垂直上升、转弯、瞄准三个阶段。

1）垂直上升段（$0 \sim t_1$）

在导弹的垂直上升段，$\alpha = 0$、$\phi_p(t) = \Theta = \dfrac{\pi}{2}$，$t_1$ 为垂直上升段结束时间。

t_1 至少为发动机达到额定工作状态的时间, 一般可以根据导弹推重比 ν_0 确定。发动机推重比越大, 推力越大, 使得导弹加速度变大, 可以在较短时间内达到指定的高度。因此, 垂直上升时间可以小一些。t_1 和推重比的关系为

$$t_1 = \sqrt{\frac{40}{\nu_0 - 1}} \tag{6-63}$$

垂直上升段运动方程为

$$\begin{cases} \dfrac{\mathrm{d}V}{\mathrm{d}t} = \dfrac{P_1 - X_1 - G}{m} \\[2mm] m = M_1 - \displaystyle\int \dot{m}_1 \mathrm{d}t \\[2mm] \dfrac{\mathrm{d}y}{\mathrm{d}t} = V \\[2mm] \Theta = 90° \\[2mm] \alpha = 0° \end{cases} \tag{6-64}$$

其中, V 为导弹速度大小; P_1 为第一级发动机推力大小; m 为导弹任意瞬时质量; M_1 为导弹发射时的总质量; $\dot{m}_1$ 为导弹一级发动机秒流量。

2) 转弯段 ($t_1 \sim t_3$)

转弯结束时间为 t_3, 通常取导弹最小射程对应的发动机关机时间, 飞行程序角 $\phi_p(t_3)$ 能让主动段终点的速度倾角达到最佳。

$t_1 \sim t_2$, 导弹飞行冲角不为零, 气动力剧烈变化。当导弹速度达到音速时, 飞行冲角趋于零以削弱空气动力影响。这时, 导弹是只有重力作用的转弯飞行。

令 $\tilde{\alpha}$ 是导弹飞行最大冲角绝对值, a 为可调整的常数, 如果想调整导弹转弯的快慢, 那么只调整 $\tilde{\alpha}$ 和 a 的大小就可以。导弹弹道的程序设计就是通过调 $\tilde{\alpha}$ 和 a, 得到所需俯仰角随时间变化的过程。

a 的值取决于 $M(t_2) = 0.7 \sim 0.8$ 时攻角值足够小的条件, 而 $M(t_2) = 0.7 \sim 0.8$ 时的速度约为 $V(t_2) = 230 \sim 260\text{m/s}$, 因此 t_2 可由下式求出, 即

$$V(t_2) = V_u(t_2) - \Delta V_1(t_2) = -g_0 P_{bo} \ln \mu_2 - g_0 P_{bo} I_1(\mu_2 \Theta_k) \tag{6-65}$$

其中, $\mu_2 = 1 - \dfrac{\dot{m}}{m_0} t_2$。

给定 Θ 时, 便可计算出与 $V(t_2)$ 相应的时间 t_2。

确定 t_2 后, 就可以确定 a, 因为 $t = t_2$ 时, $\dfrac{\alpha(t_2)}{\tilde{\alpha}} = -4z(t_2)[1 - z(t_2)]$, 即

$4z^2(t_2) - 4z(t_2) - \dfrac{\alpha(t_2)}{\tilde{\alpha}} = 0$，所以可得

$$z(t_2) = \frac{1 - \sqrt{1 + \dfrac{\alpha(t_2)}{\tilde{\alpha}}}}{2} \qquad (6\text{-}66)$$

因此

$$a = \frac{-\ln\left(\dfrac{1 - \sqrt{1 + \dfrac{\alpha(t_2)}{\tilde{\alpha}}}}{2}\right)}{t_2 - t_1} \qquad (6\text{-}67)$$

对于中近程导弹，一般取 $\tilde{\alpha} = 2° \sim 3°$、$a = 0.1 \sim 0.2$。

确定 $\alpha(t)$ 之后，就可以求解导弹飞行的运动参数 $V(t)$、$\Theta(t)$、$x(t)$、$y(t)$、$\varphi_p(t)$，以及对应的导弹射程 L。当导弹的射程等于最小射程 $L_{\min}$ 的时候，就可以确定程序转弯的结束时间 t_3。

此段运动方程为

$$\begin{cases} \dfrac{\mathrm{d}V}{\mathrm{d}t} = \dfrac{P_2 \cos\alpha - X_1 - G\sin\Theta}{m} \\[3mm] \dfrac{\mathrm{d}\Theta}{\mathrm{d}t} = \dfrac{P_2 \sin\alpha + Y_1 - G\cos\Theta}{mV} \\[3mm] m = M_2 - \displaystyle\int \dot{m}_2 \mathrm{d}t \\[3mm] \dfrac{\mathrm{d}x}{\mathrm{d}t} = V\cos\Theta \\[3mm] \dfrac{\mathrm{d}y}{\mathrm{d}t} = V\sin\Theta \\[3mm] \Theta := \alpha + \Theta \end{cases} \qquad (6\text{-}68)$$

其中，V 为导弹速度大小；P_2 为第二级发动机推力大小；m 为导弹任意瞬时质量；M_2 为导弹二级时质量；$\dot{m}_2$ 为导弹二级发动机秒流量。

3）瞄准段（$t_3 \sim t_{km}$）

t_{km} 是主动段结束时间，通常情况下，对应最大射程的发动机关机时间。在这段时间内，飞行程序角为常值，即 $\varphi_p(t) = \varphi_p(t_3)$。根据气动静平衡理论，导弹作正冲角渐增的飞行，因此运动方程组和求解方法与有冲角时的转弯段基本一

致。这两个阶段不同的是，飞行程序角 $\varphi_p(t) = \varphi_p(t_3)$ 是已知的，但是导弹的冲角 $\alpha(t)$ 需要再进行计算，即 $\alpha(t) = A(\varphi_p(t_3) - \Theta(t))$。接下来，只需要求解各运动方程组，就可以求出与 $\tilde{\alpha}$ 相对应的飞行程序角 $\varphi_p(t)$ 和主动段终点的运动参数。

2. 被动段弹道模型

导弹一级发动机关闭的时候，导弹的高度已经到达稠密的大气层之外，此时导弹受到极小的空气动力，因此空气动力可不计。考虑稳定性，在程序设计中，导弹发动机的启动、关机、级间分离的前后，程序角为一常值。同时，还要尽量减小攻角，使程序俯仰角的变化简单化。如果变化规律复杂，则很难实现控制制导。因此，被动段飞行程序角为

$$
\phi_p(t) = \begin{cases}
\phi_p(t_{1k}), & t_{1k} \leqslant t < t_{1k} + \Delta t_{1k} \\
\phi_p(t_{1k}) - \dot{\phi}(t - t_{1k} - \Delta t_{1k}), & t_{1k} + \Delta t_{1k} \leqslant t < t_{2k} - \Delta t_{2k} \\
\phi_p(t_{2k} - \Delta t_{2k}), & t_{2k} - \Delta t_{2k} \leqslant t < t_{2k} + \Delta t_{2k} \\
\phi_p(t_{2k} - \Delta t_{2k}) - \dot{\phi}_3(t + t_{2k} + \Delta t_{2k}), & t_{2k} + \Delta t_{2k} \leqslant t < t_{3k} - \Delta t_{3k} \\
\phi_p(t_{3k} - \Delta t_{3k}), & t_{3k} - \Delta t_{3k} \leqslant t < t_{3k}
\end{cases}
$$

$$(6\text{-}69)$$

自由段导弹弹道的最优飞行程序角是基于下面的假设得出的。

（1）地球扁率和自转被忽略，因为它们对主动段终点运动参数的影响非常小。

（2）可以把加速度看成一个常数，因为这时地球引力场可以看成是平行的。

（3）可以认为，这一阶段火箭的飞行环境是真空的。

基于此，自由段运动微分方程组可以在发射坐标系下简化为

$$
\begin{cases}
\dot{V}_x = \dfrac{P}{m} \cos \varphi(t) \\[2mm]
\dot{V}_y = \dfrac{P}{m} \sin \varphi(t) - g \\[2mm]
\dot{x} = V_x \\[2mm]
\dot{y} = V_y
\end{cases}
$$

$$(6\text{-}70)$$

自由段终点的运动参数为

$$\begin{cases} V_{xk} = V_{x0} + g \int_0^{t_k} n(t) \cos \varphi(t) \, \mathrm{d}t \\[2mm] V_{yk} = V_{y0} + g \int_0^{t_k} (n(t) \sin \varphi(t) - 1) \, \mathrm{d}t \\[2mm] x_k = x_0 + V_{x0} t_k + g \int_0^{t_k} (t_k - t) \, n(t) \cos \varphi(t) \, \mathrm{d}t \\[2mm] y_k = y_0 + V_{y0} t_k + g \int_0^{t_k} (t_k - t) (n(t) \sin \varphi(t) - 1) \, \mathrm{d}t \end{cases} \tag{6-71}$$

其中，n 为时间的函数。

对式 (6-71) 变分，可以得到自由段终点的参数偏差。它是程序角偏差 δ_φ 引起的，即

$$\begin{cases} \delta V_{xk} = -g \int_0^{t_k} n(t) \sin \varphi(t) \, \delta \varphi(t) \, \mathrm{d}t \\[2mm] \delta V_{yk} = g \int_0^{t_k} n(t) \cos \varphi(t) \, \delta \varphi(t) \, \mathrm{d}t \\[2mm] \delta x_k = -g \int_0^{t_k} (t_k - t) \, n(t) \sin \varphi(t) \, \delta \varphi(t) \, \mathrm{d}t \\[2mm] \delta y_k = g \int_0^{t_k} (t_k - t) \, n(t) \cos \varphi(t) \, \delta \varphi(t) \, \mathrm{d}t \end{cases} \tag{6-72}$$

射程偏差为

$$\begin{aligned} \delta L &= \frac{\partial L}{\partial V_{xk}} \delta V_{xk} + \frac{\partial L}{\partial V_{yk}} \delta V_{yk} + \frac{\partial L}{\partial x_k} \delta x_k + \frac{\partial L}{\partial y_k} \delta y_k \\ &= g \int_0^{t_k} \left\{ - \left[\frac{\partial L}{\partial x_k} (t_k - t) + \frac{\partial L}{\partial V_{xk}} \right] \sin \varphi(t) \right. \\ &\quad \left. + \left[\frac{\partial L}{\partial y_k} (t_k - t) + \frac{\partial L}{\partial V_{yk}} \right] \cos \varphi(t) \right\} n(t) \, \delta \varphi(t) \, \mathrm{d}t \end{aligned} \tag{6-73}$$

因为 $\delta \varphi(t)$ 是可以取任意值的，所以 $\delta L = 0$ 的必要条件就是自由段任意点的被积函数等于 0，即

$$- \left[\frac{\partial L}{\partial x_k} (t_k - t) + \frac{\partial L}{\partial V_{xk}} \right] \sin \varphi(t) + \left[\frac{\partial L}{\partial y_k} (t_k - t) + \frac{\partial L}{\partial V_{yk}} \right] \cos \varphi(t) = 0 \quad (6\text{-}74)$$

因此

$$\varphi(t) = \arctan \frac{\dfrac{\partial L}{\partial y_k}(t_k - t) + \dfrac{\partial L}{\partial V_{yk}}}{\dfrac{\partial L}{\partial x_k}(t_k - t) + \dfrac{\partial L}{\partial V_{xk}}} \tag{6-75}$$

式 (6-75) 也称为任意射程导弹俯仰程序角的计算公式（仅真空段），通常用来确定最优飞行程序，在实际中是一个完全的迭代过程。因为射程对于关机点运动的参数偏导数未知，所以计算时应该根据事先初步确定的俯仰角程序进行弹道求解，确定各个偏导数，再应用上一次计算获得的偏导数确定下一次的近似值，直到满足要求。

再入段的运动方程可以写为以下形式。

当 $50000\text{m} < H \leqslant 70000\text{m}$ 时，有

$$\begin{cases} \dfrac{\mathrm{d}V}{\mathrm{d}t} = \dfrac{-X_2 - G\sin\Theta}{m} \\ \dfrac{\mathrm{d}\Theta}{\mathrm{d}t} = \dfrac{Y_2 - G\cos\Theta}{mV} \\ m = M_4 \\ \dfrac{\mathrm{d}x}{\mathrm{d}t} = V\cos\Theta \\ \dfrac{\mathrm{d}y}{\mathrm{d}t} = V\sin\Theta \\ \alpha(t) = 0° \end{cases} \tag{6-76}$$

当 $30000\text{m} < H \leqslant 50000\text{m}$ 时，有

$$\begin{cases} \dfrac{\mathrm{d}V}{\mathrm{d}t} = \dfrac{-X_2 - G\sin\Theta}{m} \\ \dfrac{\mathrm{d}\Theta}{\mathrm{d}t} = \dfrac{Y_2 - G\cos\Theta}{mV} \\ m = M_4 \\ \dfrac{\mathrm{d}x}{\mathrm{d}t} = V\cos\Theta \\ \dfrac{\mathrm{d}y}{\mathrm{d}t} = V\sin\Theta \\ \Theta = \alpha + \Theta \\ \alpha(t) = 25° \end{cases} \tag{6-77}$$

当 $H \leqslant 30000\mathrm{m}$ 时，有

$$
\begin{cases}
\dfrac{\mathrm{d}V}{\mathrm{d}t} = \dfrac{-X_2 - G\sin\Theta}{m} \\[3mm]
\dfrac{\mathrm{d}\Theta}{\mathrm{d}t} = \dfrac{Y_2 - G\cos\Theta}{mV} \\[3mm]
m = M_4 \\[3mm]
\dfrac{\mathrm{d}x}{\mathrm{d}t} = V\cos\Theta \\[3mm]
\dfrac{\mathrm{d}y}{\mathrm{d}t} = V\sin\Theta \\[3mm]
\Theta = \alpha + \Theta \\[3mm]
\alpha\,(t) = 0°
\end{cases}
\tag{6-78}
$$

其中，V 为导弹速度大小；M_4 为导弹再入时质量。

6.3.4　弹道的计算方法

弹道方程解算的一般过程是首先建立导弹质心运动方程，然后编程计算，计算出的结果就可以构成一条弹道。弹道方程组的解算通常采用数值积分法，主要有 Runger-Kutta 法、阿达姆斯法等。

1. Runger-Kutta *法*

设一组微分方程组为

$$
\begin{cases}
y_1' = f_1\,(t, y_1, y_2, \cdots, y_m)\,, & y_1\,(t_0) = y_{10} \\[2mm]
y_2' = f_2\,(t, y_1, y_2, \cdots, y_m)\,, & y_2\,(t_0) = y_{20} \\[2mm]
\cdots \\[2mm]
y_m' = f_m\,(t, y_1, y_2, \cdots, y_m)\,, & y_m\,(t_0) = y_{m0}
\end{cases}
\tag{6-79}
$$

解此初始问题的四阶 Runger-Kutta 法计算式为

$$
y_{ij+1} = y_{ij} + \frac{h}{6}\,(K_{1i} + 2K_{2i} + 2K_{3i} + K_{4i})
\tag{6-80}
$$

其中，h 为积分步长。

$$\begin{cases} K_{1i} = f_i\left(t_j, y_{1j}, y_{2j}, \cdots, y_{mj}\right) \\ K_{2i} = f_i\left(t_j + \dfrac{h}{2}, y_{1j} + \dfrac{h}{2}K_{11}, \cdots, y_{mj} + \dfrac{h}{2}K_{1m}\right) \\ K_{3i} = f_i\left(t_j + \dfrac{h}{2}, y_{1j} + \dfrac{h}{2}K_{21}, \cdots, y_{mj} + \dfrac{h}{2}K_{2m}\right) \\ K_{4i} = f_i\left(t_j + \dfrac{h}{2}, y_{1j} + \dfrac{h}{2}K_{31}, \cdots, y_{mj} + hK_{3m}\right) \end{cases} \tag{6-81}$$

2. 阿达姆斯预报校正法

令给定的一阶常微分方程初值问题为

$$\begin{cases} y_1' = f_1\left(t, y_1, y_2, \cdots, y_m\right), & y_1\left(t_0\right) = y_{10} \\ y_2' = f_2\left(t, y_1, y_2, \cdots, y_m\right), & y_2\left(t_0\right) = y_{20} \\ \cdots \\ y_m' = f_m\left(t, y_1, y_2, \cdots, y_m\right), & y_m\left(t_0\right) = y_{m0} \end{cases} \tag{6-82}$$

预报公式为

$$\bar{y}_{i,j+1} = y_{i,j} + \left(55f_{i,j} - 59f_{i,j-1} + 37f_{i,j-2} - 9f_{i,j-3}\right)h/24 \tag{6-83}$$

校正公式为

$$y_{i,j+1} = y_{i,j} + \left(9f_{i,j+1} + 19f_{i,j} - 5f_{i,j-1} + f_{i,j-2}\right)h/24 \tag{6-84}$$

其中

$$\begin{cases} f_{i,k} = f_i\left(t_k, y_{1k}, y_{2k}, \cdots, y_{mk}\right), & k = j-3, j-2, j-1, j \\ f_{i,j+1} = f_i\left(t_{j+1}, \bar{y}_{1,j+1}, \bar{y}_{2,j+1}, \cdots, \bar{y}_{m,j+1}\right), & i = 1, 2, \cdots, m \end{cases} \tag{6-85}$$

其中, h 为积分步长。

由此可知, Runger-Kutta 法的优点是容易起步计算, 但是计算量大。尤其是, 高阶的 Runger-Kutta 法。阿达姆斯积分法计算速度快, 但是不易起步计算。因此, 在解弹道方程组时, 一般先利用 Runger-Kutta 法计算表头, 然后利用阿达姆斯法进行整个方程组的解算。

6.4　导弹与火箭任务设计

6.4.1　导弹弹道仿真设计

指令参数为目标落点的经度和纬度，弹道导弹在飞行过程中主要考虑法向过载约束，因此按以下思路设计飞行程序。根据对程序的要求，将主动段分为三段，即 $0 \sim t_1$ 为垂直起飞段；$t_1 \sim t_2$ 为攻角转弯段；$t_2 \sim t_3$ 为重力转弯段。

垂直起飞时间根据如下经验公式确定，即

$$t = \sqrt{\dfrac{40}{\dfrac{1}{v_0} - 1}} \tag{6-86}$$

其中，$\dfrac{1}{v_0}$ 为火箭的推重比。

$t_1 \sim t_2$ 段的攻角变化按如下规律计算，即

$$\alpha\left(t\right) = -4\tilde{\alpha}z\left(1 - z\right) \tag{6-87}$$

其中，$\tilde{\alpha}$ 为声速段上攻角绝对值的最大值。

$$z = \mathrm{e}^{-a(t-t_1)} \tag{6-88}$$

其中，a 为选定的常值。

$t_2 \sim t_3$ 段俯仰角按如下规律设计，以三级火箭为例，则有

$$\begin{cases} \text{phi\_c} = \text{phi\_c} + d_1 \cdot \text{step}, \quad t < 0.67 \cdot \text{worktime}_2 \\ \text{phi\_c} = \text{phi\_c} + d_2 \cdot \text{step}, \quad 0.67 \cdot \text{worktime}_2 < t < \text{worktime}_2 + 0.33 \cdot \text{worktime}_3 \\ \text{phi\_c} = \text{phi\_c} + d_3 \cdot \text{step}, \quad \text{worktime}_2 + 0.33 \cdot \text{worktime}_3 < t \end{cases} \tag{6-89}$$

其中，t 为相对于二级火箭点火时刻相对秒；worktime_2 为二级火箭工作时间；worktime_3 为三级火箭工作时间；phi_c 为俯仰角；d_1、d_2、d_3 为俯仰角变化率。

通过不断迭代使弹道符合落点要求。导弹弹道仿真流程和仿真效果如图 6-1 和图 6-2 所示。

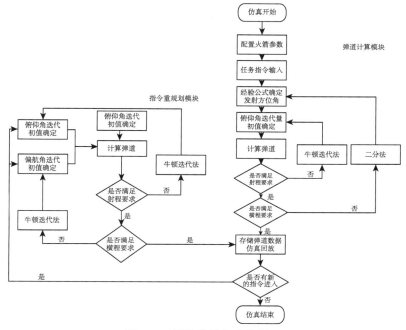

图 6-1 导弹弹道仿真流程

图 6-2 导弹弹道仿真效果

6.4.2 导弹防御拦截任务设计

导弹防御拦截示意图如图 6-3 所示。

（1）地面点火垂直起飞。

（2）按预设程序角改变飞行姿态。

（3）一级发动机耗尽关机。

（4）滑翔至预定高度，一级发动机分离，二级发动机点火。

（5）二级发动机精确关机，将拦截器送到预定位置。

（6）导引头打开，捕获目标，进入末制导阶段。

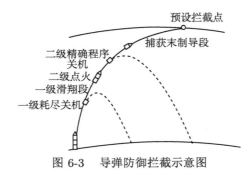

图 6-3　导弹防御拦截示意图

导弹防御拦截任务仿真流程与仿真效果如图 6-4 和图 6-5 所示。

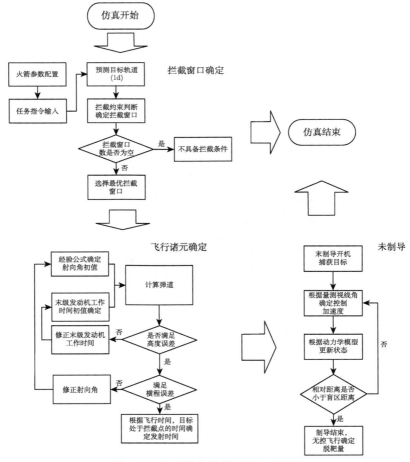

图 6-4　导弹防御拦截任务仿真流程

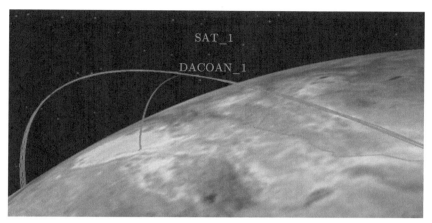

图 6-5 导弹防御拦截任务仿真效果

6.4.3 火箭运载任务设计

火箭运载任务如图 6-6 所示。三级火箭按飞行程序飞行，末级发动机在最高点开机加速入轨。

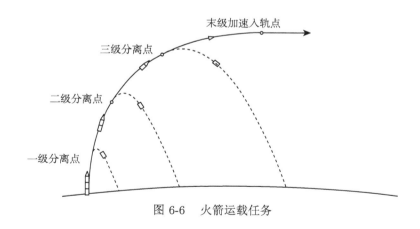

图 6-6 火箭运载任务

火箭运载任务仿真流程与仿真效果如图 6-7 和图 6-8 所示。

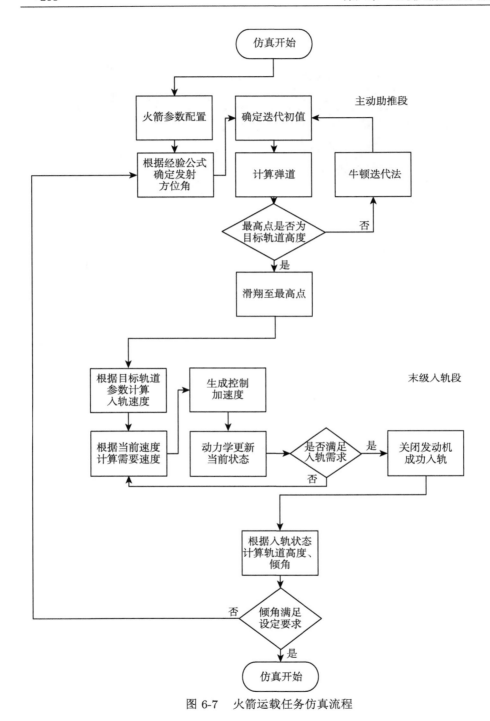

图 6-7   火箭运载任务仿真流程

图 6-8　火箭运载任务仿真效果

6.4.4　导弹与火箭相关例题

1. 发射方位角

利用常规运载火箭，将卫星送入预定轨道，并且在此过程中火箭不作横向机动。此时，卫星轨道平面在空间中的方位，直接由发射场 L 的地心纬度 φ、发射方位角 A、发射时刻 t_L 决定。发射方位角 A 定义为发射点指北方向与运载火箭速度水平方向的顺时针角，分为升轨和降轨两种方式，即升轨发射点、降轨发射点。发射方位角示意图如图 6-9 所示。

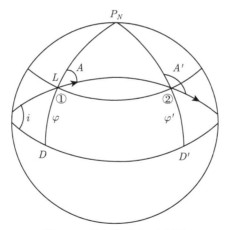

图 6-9　发射方位角示意图

例题　假设火箭发射场位置为东经 109.8°、北纬 19.317°，目标轨道倾角 i 为 30°，求满足火箭发射要求的发射方位角。

解　对于发射场 L，轨道倾角与发射方位角的关系为

$$\cos i = \sin A \cos \varphi \tag{6-90}$$

所以，发射方位角 A 为

$$A = \arcsin \frac{\cos i}{\cos \varphi} \tag{6-91}$$

代入发射场纬度和轨道倾角数据，可算出升轨发射方位角为 66.59°，降轨发射方位角为 113.41°。

2. 坐标系转换

火箭或导弹的飞行任务涉及多个坐标系，并且在各个坐标系之间需要相互转换。比较方便的是在发射坐标系下描述导弹的质心运动。

以发射坐标系转换为地心地固坐标系为例，发射坐标系的定义为，原点 o 在发射点，ox 轴在发射点水平面内指向发射瞄准方向、oy 轴沿发射点的铅垂线向上，oz 轴、ox 轴、oy 轴构成右手直角坐标系。

地心地固坐标系的定义为，原点 o 为地球质心，oz 轴与地轴平行指向北极点，ox 轴指向本初子午线与赤道的交点，oy 轴垂直于 xoz 平面 (即东经 90 度与赤道的交点) 构成右手坐标系。

例题　将发射坐标系矢量 $\boldsymbol{r} = [3000.0, 2000.0, 5000.0]^{\mathrm{T}}$ 转换成地固系矢量 $\boldsymbol{r}_{\mathrm{new}}$。发射方位角 A 为 66.59°，发射点纬度 φ 为 19.317°，发射点经度 Ω 为 109.8°。

解　坐标系转换可以通过坐标旋转变换来实现。若 $\boldsymbol{R}_x(\Theta)$、$\boldsymbol{R}_y(\Theta)$、$\boldsymbol{R}_z(\Theta)$ 分别为绕 x、y、z 轴旋转 Θ 度的旋转矩阵，即

$$\boldsymbol{R}_x(\Theta) = \begin{bmatrix} 1 & 0 & 0 \\ 0 & \cos\Theta & -\sin\Theta \\ 0 & \sin\Theta & \cos\Theta \end{bmatrix} \tag{6-92}$$

$$\boldsymbol{R}_y(\Theta) = \begin{bmatrix} \cos\Theta & 0 & \sin\Theta \\ 0 & 1 & 0 \\ -\sin\Theta & 0 & \cos\Theta \end{bmatrix} \tag{6-93}$$

$$\boldsymbol{R}_z(\Theta) = \begin{bmatrix} \cos\Theta & -\sin\Theta & 0 \\ \sin\Theta & \cos\Theta & 0 \\ 0 & 0 & 1 \end{bmatrix} \tag{6-94}$$

发射坐标系转换为地心地固坐标系可以先绕 y 轴旋转 $\dfrac{\pi}{2} + A$ 度，再绕 x 轴旋转 $-\varphi$ 度，最后绕 z 轴旋转 $\dfrac{\pi}{2} - \Omega$ 度，即

$$\boldsymbol{r}_{\mathrm{new}} = \boldsymbol{R}_z\left(\frac{\pi}{2} - \Omega\right) \boldsymbol{R}_x(-\varphi) \boldsymbol{R}_y\left(\frac{\pi}{2} + A\right) \boldsymbol{r} \tag{6-95}$$

最终计算结果为

$$r_{\text{new}} = [-5479.32, 1227.46, -2543.7]^{\text{T}}$$

6.5 导弹与火箭仿真实例

6.5.1 战略导弹弹道仿真

该示例可参考场景 DEMO_MissileGroudTarget。

在某次导弹试射中，需要验证导弹的射程、精度等性能指标。导弹发射点坐标为（30E，40N）、目标点坐标为（60W，15N）。导弹有三级发动机，各级推力分别为 900000N、300000N、150000N。

1. 添加导弹

点击菜单栏的"模型"按钮，然后选择"添加导弹"，打开导弹设置页面，添加 DAODAN_1，如图 6-10 所示。

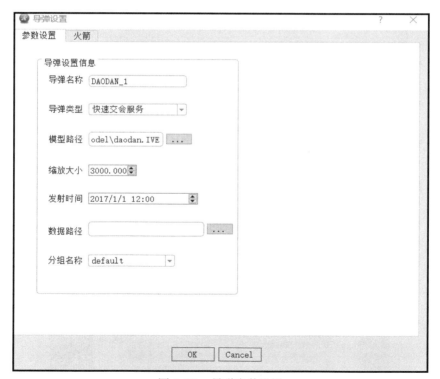

图 6-10 导弹参数设置

　　导弹类型选择快速交会服务，然后点击"火箭"打开实体参数设置页面。设置参数包括火箭级数。执行的任务类型（导弹、快速交会、运载）。我们选择导弹、载荷质量、各级推力、各级装药量、各级工作时间等导弹实体参数，以及发射点经纬高位置参数。导弹设置界面如图 6-11 所示。

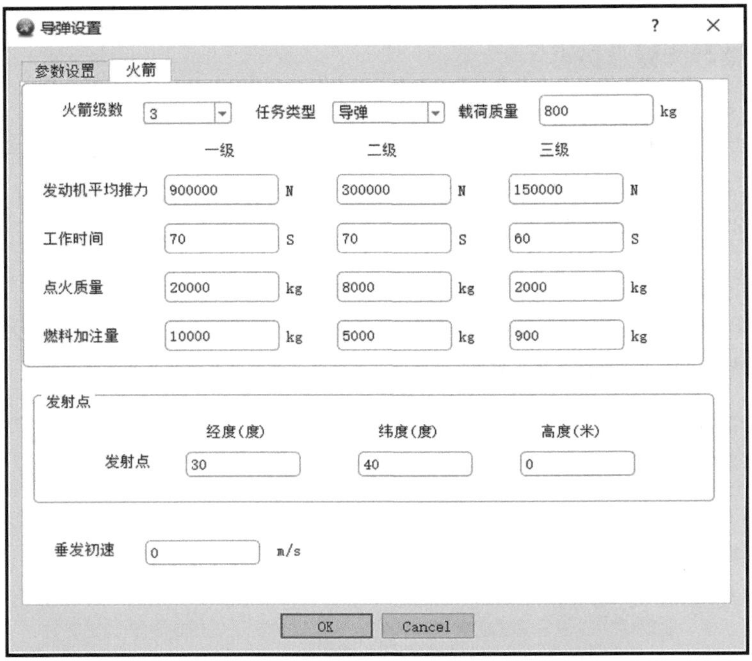

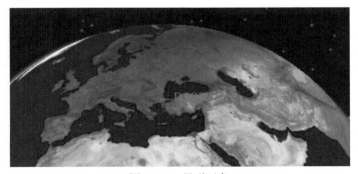

图 6-11　导弹设置界面

　　设置完参数点击"确定"，导弹被保存至场景中。导弹对象如图 6-12 所示。

图 6-12　导弹对象

2. 添加指令

点击菜单中"窗口",点击"指令窗口显示",点击"添加指令",点击"装备名称"右边"...",选择创建的 DAODAN_1 对象,点击"指令"右侧"...",选择"导弹发射指令",在"指令参数"中设置指令参数,参数中输入目标点的经纬度,如图 6-13 所示。DAODAN_1 指令如图 6-14 所示。

指控命令	?	×

任务名称	task28	执行时间	2017-01-01_12:00:00.000
指令ID	1	装备名称	DAODAN_1 ...
指令	GBIDDTarget.Go ...		

指令参数

60,15

文本指令   执行

图 6-13   导弹指令参数设置

		任务名称	执行时间	指令名称	指令类型	装备名	命令集
添加指令	1	task28	2017-01-01_12:00:00.000	导弹发射指令	GBIDDTarget.Go	DAODAN_1	60,15
删除指令							

图 6-14   DAODAN_1 指令

3. 仿真运行

完成上述设置后,点击主菜单中的"开始仿真",得到导弹运行 3D 与 2D 图(图 6-15 和图 6-16),可观察到导弹弹道,体现弹道设计。

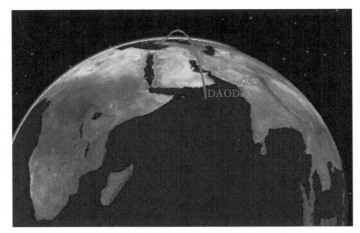

图 6-15   导弹运行 3D 图

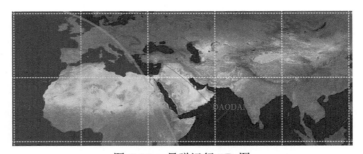

图 6-16   导弹运行 2D 图

目标位置处可通过"模型"和"添加地面站",手动添加地面站来显示目标位置。此外,目标还可设置成飞机、轮船等大气层内低速移动的目标,在卫星设置界面选中轨道数据文件,勾选地面目标类型并加载文件。地面目标设置如图 6-17 所示。

图 6-17   地面目标设置

加载的数据文件格式如图 6-18 所示,由一系列带 UTC 时间戳的经纬高点构成。加载完文件点击"确定"可将地面目标保存至场景当中,如图 6-19 所示。

图 6-18 地面目标轨迹数据文件格式

图 6-19 飞机对象

运行场景，地面目标将按预先设定的轨迹运行，如图 6-20 所示。

图 6-20 飞机运行中

对于地面目标的状态输出，与卫星对象状态输出相同，这里不再赘述。

6.5.2   快速交会及制导仿真

该示例可参考场景 DEMO_MissileSpaceTarget。

设置一颗正常运行的卫星，从地面发射导弹与该卫星快速交会，使导弹打击位置与卫星运动位置重合。

1. 添加导弹

在左侧场景树中点击"导弹/空中目标 (AEOR)"，选择"添加导弹"，在"导弹设置"窗口中的"参数设置"和"火箭"栏中设置导弹参数。快速交会任务参数设置如图 6-21 所示。对于快速交会任务类型，实体参数设置同导弹任务，区别是在选择任务类型时选择快速交会。

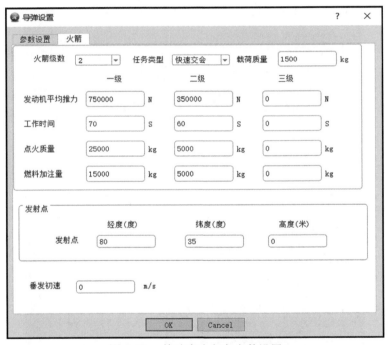

图 6-21　快速交会任务参数设置

2. 添加目标卫星

左侧场景树中点击"卫星 (SAT)"，选择"添加卫星"。此卫星为导弹目标。快速交会目标卫星参数如图 6-22 所示。

图 6-22 快速交会目标卫星参数

3. 添加指令

点击菜单中的"窗口",点击"指令窗口显示",点击"添加指令",点击"装备名称"右侧"...",选择创建的导弹对象,点击"指令"右侧"...",选择"快速交会指令",在"指令参数"中设置指令参数,即要打击的卫星名称。快速交会指令设置如图 6-23 所示。

图 6-23 快速交会指令设置

4. 仿真运行

完成上述设置后,点击"主菜单",点击"开始仿真"。当卫星经过导弹上空时导弹正常发射,可观察到导弹弹道,如图 6-24 所示。观察导弹打击过程,可注意到在末端导弹通过制导与卫星快速交会，体现导弹制导策略。导弹制导仿真如图 6-25 所示。

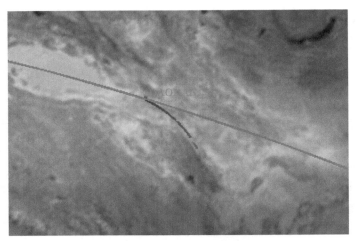

图 6-24　快速交会导弹弹道

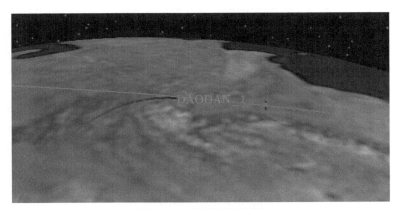

图 6-25　导弹制导仿真

6.5.3　火箭运载能力及入轨过程仿真

该示例可参考场景 DEMO_Rocket。

1. 添加火箭

左侧场景树中点击"导弹/空中目标 (AEOR)"，选择"添加导弹"，在"导弹设置"窗口中的任务类型选择"运载"，如图 6-26 所示。在参数设置和火箭栏中设置运载参数，如图 6-27 所示。

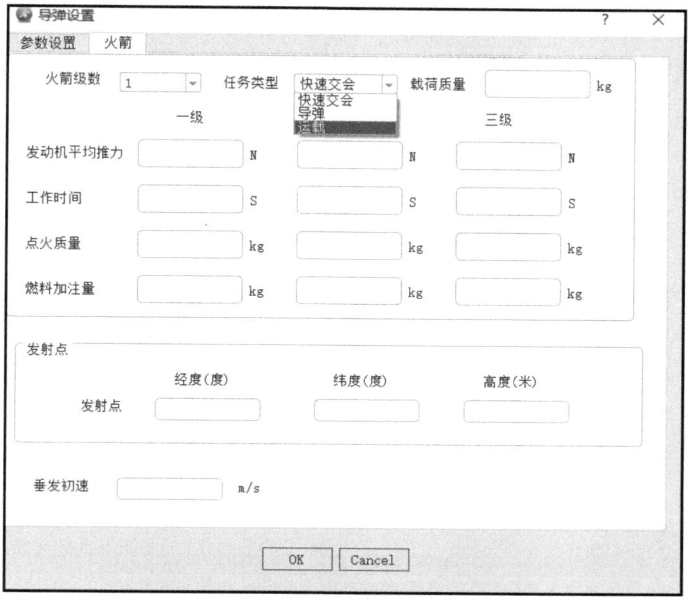

图 6-26 火箭实体参数设置

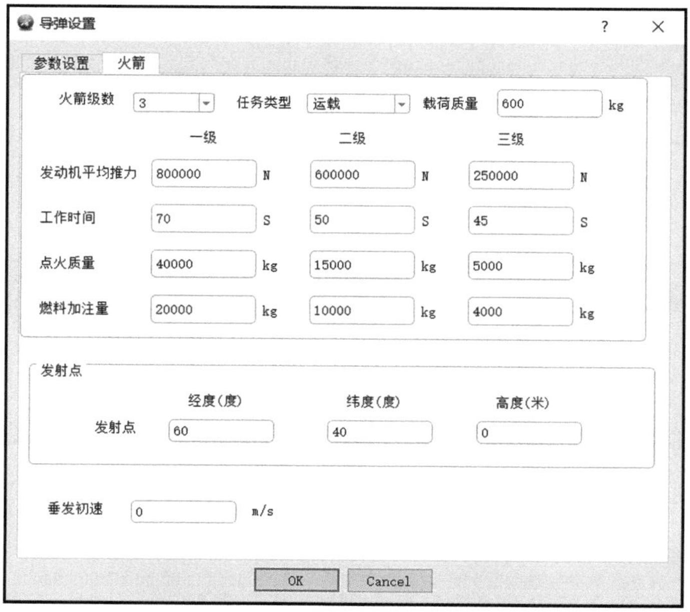

图 6-27 运载参数设置

2. 添加指令

点击菜单中的"窗口",点击"指令窗口显示",点击"添加指令",点击"装备名称"右侧"...",选择创建的导弹对象,点击"指令"右侧"...",选择"运载火箭发射指令"。在"指令参数"中设置指令参数,指令参数设为目标轨道高度与目标轨道倾角,如图 6-28 所示。点击"执行",在"指控命令"栏中出现运载火箭发射任务。运载火箭指令如图 6-29 所示。

图 6-28   运载指令参数设置

图 6-29   运载火箭指令

3. 仿真运行

设置好任务命令后点击"运行",运载火箭正常发射。此时,可观察到运载火箭弹道,仿真 3D 和 2D 运行图如图 6-30和图 6-31 所示。

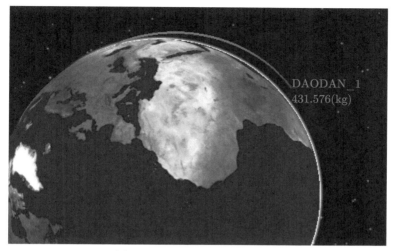

图 6-30 运载火箭 3D 运行图

图 6-31 运载火箭 2D 运行图

4. 输出设置

火箭对象的状态输出同卫星对象，左侧场景树中右键点击"输出 (Output)"，选择"对象属性"，选择火箭对象，可以添加位置、速度、高度、质量等输出信息，如图 6-32 所示。点击"开始仿真"，会生成火箭运载能力输出文件，如图 6-33 所示。从最终的入轨质量可以分析出火箭的运载能力，通过每一时刻的火箭输出信息和运行轨迹可以观察到火箭入轨过程。

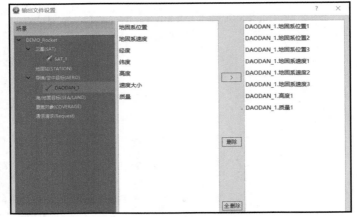

图 6-32　火箭运载能力输出文件设置

2457755.000080	2017-01-01_12:00:06.901	2446.440000	4237.360000	4078.130000
2457755.000081	2017-01-01_12:00:07.001	2446.440000	4237.370000	4078.140000
2457755.000082	2017-01-01_12:00:07.101	2446.450000	4237.370000	4078.140000
2457755.000083	2017-01-01_12:00:07.201	2446.450000	4237.380000	4078.150000
2457755.000085	2017-01-01_12:00:07.301	2446.450000	4237.380000	4078.150000
2457755.000086	2017-01-01_12:00:07.401	2446.460000	4237.390000	4078.160000
2457755.000087	2017-01-01_12:00:07.501	2446.460000	4237.390000	4078.160000
2457755.000088	2017-01-01_12:00:07.601	2446.460000	4237.400000	4078.160000
2457755.000089	2017-01-01_12:00:07.701	2446.460000	4237.400000	4078.170000
2457755.000090	2017-01-01_12:00:07.801	2446.470000	4237.410000	4078.170000
2457755.000091	2017-01-01_12:00:07.901	2446.470000	4237.410000	4078.180000
2457755.000093	2017-01-01_12:00:08.001	2446.470000	4237.420000	4078.180000
2457755.000094	2017-01-01_12:00:08.101	2446.480000	4237.420000	4078.190000
2457755.000095	2017-01-01_12:00:08.201	2446.480000	4237.430000	4078.190000
2457755.000096	2017-01-01_12:00:08.301	2446.480000	4237.430000	4078.200000
2457755.000097	2017-01-01_12:00:08.401	2446.490000	4237.440000	4078.200000
2457755.000098	2017-01-01_12:00:08.501	2446.490000	4237.440000	4078.210000
2457755.000100	2017-01-01_12:00:08.601	2446.490000	4237.450000	4078.210000
2457755.000101	2017-01-01_12:00:08.701	2446.500000	4237.450000	4078.220000
2457755.000102	2017-01-01_12:00:08.801	2446.500000	4237.460000	4078.220000
2457755.000103	2017-01-01_12:00:08.901	2446.500000	4237.470000	4078.230000
2457755.000104	2017-01-01_12:00:09.001	2446.510000	4237.470000	4078.230000

图 6-33　火箭运载能力输出文件

参 考 文 献

[1] David A V. Fundamentals of Astrodynamics and Applications. 3rd Ed. New York: Springer, 2007.

[2] 方晓松. 卫星轨道建模与仿真技术研究. 成都: 电子科技大学, 2010.

[3] 计天阳. 基于 GPU 加速的低轨卫星星座覆盖性能计算与分析. 哈尔滨: 哈尔滨工业大学, 2018.

[4] 荆武兴, 高长生. 空间飞行器导航、制导与控制. 哈尔滨: 哈尔滨工业大学出版社, 2018.

[5] 何世禹, 杨德庄. 空间材料手册 (第 2 卷): 空间环境与效应计算及地面模拟试验. 北京: 中国宇航出版社, 2021.

[6] 文森特·L. 皮塞卡. 空间环境及其对航天器的影响. 北京: 中国宇航出版社, 2011.

[7] 刘林, 胡松杰, 王歆. 航天动力学引论. 南京: 南京大学出版社, 2006.

[8] 刁宁辉, 刘建强, 孙从容, 等. 基于 SGP4 模型的卫星轨道计算. 遥感信息, 2012, 27(4): 64-70.

[9] 章仁为. 卫星轨道姿态动力学与控制. 北京: 北京航空航天大学出版社, 1998.

[10] 赵钧. 航天器轨道动力学. 哈尔滨: 哈尔滨工业大学出版社, 2011.

[11] 李立涛, 荣思远. 航天器姿态动力学与控制. 哈尔滨: 哈尔滨工业大学出版社, 2019.

[12] 甘楚雄, 刘冀湘. 弹道导弹与运载火箭总体设计. 北京: 国防工业出版社, 1996.

[13] 刘新建. 导弹总体设计导论. 北京: 国防工业出版社, 2017.